U0248523

核因子κB1调控奶牛乳腺上皮细胞乳合成和细胞增殖的作用机理

黄 鑫 尹海畅 著

黑龙江大学出版社
HEILONGJIANG UNIVERSITY PRESS
哈尔滨

图书在版编目（CIP）数据

核因子 κB1 调控奶牛乳腺上皮细胞乳合成和细胞增殖
的作用机理 / 黄鑫，尹海畅著. -- 哈尔滨 ：黑龙江大
学出版社，2019.6
ISBN 978-7-5686-0356-0

Ⅰ. ①核… Ⅱ. ①黄… ②尹… Ⅲ. ①乳牛－乳腺－
上皮细胞－泌乳－研究②乳牛－乳腺－细胞增殖－研究
Ⅳ. ① S823.9 ② Q5

中国版本图书馆 CIP 数据核字（2019）第 080859 号

核因子 κB1 调控奶牛乳腺上皮细胞乳合成和细胞增殖的作用机理
HEYINZI κB1 TIAOKONG NAINIU RUXIAN SHANGPI XIBAO RU HECHENG HE XIBAO
ZENGZHI DE ZUOYONG JILI
黄　鑫　尹海畅　著

责任编辑　高　媛
出版发行　黑龙江大学出版社
地　　址　哈尔滨市南岗区学府三道街 36 号
印　　刷　哈尔滨市石桥印务有限公司
开　　本　720 毫米 ×1000 毫米　1/16
印　　张　12.75
字　　数　196 千
版　　次　2019 年 6 月第 1 版
印　　次　2019 年 6 月第 1 次印刷
书　　号　ISBN 978-7-5686-0356-0
定　　价　39.00 元

本书如有印装错误请与本社联系更换。

前　　言

乳是雌性哺乳动物哺育其初生幼仔的天然营养品,同时也是人类生存必不可少的重要食品。乳蛋白、乳脂和乳糖是乳中的基本成分,能够为机体提供营养和能量,同时发挥多种生理功能,因此是衡量乳品质的重要指标。

乳合成的调控机理是生命科学的重要基础问题之一。探究乳合成相关信号转导途径、寻找调控乳合成的关键信号分子将为乳产量和乳品质的提高提供重要的实验依据。基因的表达受到营养素(如葡萄糖、氨基酸等)和激素(如催乳素、雌激素等)的共同调节。营养素和激素通过调节靶基因的表达调控乳合成已成为近年来的研究热点之一,但对其调控机制的研究还不够深入。进一步探究乳合成的分子调控机理,完善其分子调控网络是泌乳生物学领域的重要研究内容。

本书的研究课题以体外培养的奶牛乳腺上皮细胞(bovine mammary epithelial cells,BMECs)为实验材料,通过基因过表达与干扰、实时荧光定量 PCR、蛋白质印迹法、染色质免疫沉淀等方法,揭示了核因子 κB1(nuclear factor of κB1,NFκB1)通过 PI3K 信号途径接受外源甲硫氨酸(methionine,Met)和雌激素(estrogen,E)信号正向调节其下游乳合成相关靶基因 *mTOR*、*SREBP* − 1*c*、*β*4*Gal* − *T*2、*Cyclin D*1 的表达。此外,本书进一步揭示了 NFκB1 的相互作用蛋白——甘氨酰 tRNA 合成酶(glycyl tRNA synthetase,GlyRS)能够介导甲硫氨酸和雌激素信号,促进 NFκB1 磷酸化,进而调控奶牛乳腺上皮细胞的乳合成和细胞增殖。本书丰富和完善了乳合成的分子调控网络，为营养素和激素调控乳合成的作用机理提供重要的实验依据。

本书第 1 章绪论、第 2 章材料与方法、第 5 章结论由齐齐哈尔大学尹海畅编写；第 3 章结果与分析、第 4 章讨论由齐齐哈尔大学黄鑫编写。全书由黄鑫统稿，尹海畅对全书进行了审定，并对部分章节内容进行了修改。黄鑫参与编写的内容约 10.6 万字，尹海畅编写的内容约 9 万字。

希望本书能够为从事相关研究的老师和学生提供科学的研究思路和方法，但由于笔者水平和经验有限，本书难免有不足之处，望日后不断加以修订和完善。本书的出版得到了齐齐哈尔大学博士科研启动金的资助，在此表示感谢。

黄鑫　尹海畅

2019 年 5 月

目　　录

第1章

绪 论

1.1 乳的生物化学组成

乳腺是哺乳动物具有泌乳功能的特殊腺体。乳由乳腺腺泡的乳腺上皮细胞分泌产生,含有幼仔生长和发育所必需的营养物质,是哺育后代的天然营养品。由于刚出生的幼仔消化能力弱,无法正常消化成年动物的食物,因此母乳是幼仔出生后早期最适宜的食物。

乳汁的基本成分包括水、蛋白质、脂类、糖类、矿物质、维生素等。此外,乳中还含有多种酶类、免疫物质、生长因子和激素等生物活性物质。酪蛋白、三酰甘油和乳糖分别是乳汁中主要的蛋白质、脂类和糖类。乳汁中的矿物质主要包括钙、磷、镁、钠、钾和铁等,初乳是雌性动物分娩后最初 3~5 d 所分泌的乳汁,其蛋白质(特别是乳清蛋白)、维生素和微量元素(如铜、铁、锌等)的含量显著高于常乳。此外,初乳中含有的大量免疫物质及溶菌酶等对新生幼仔极为重要。牛乳和人乳的基本组成见表 1-1。

表 1-1　牛乳和人乳的基本组成

组分	牛乳	人乳
100 mL 乳中水/g	88	88
100 mL 乳中蛋白质/g	3.3	0.9
100 mL 乳中脂肪/g	3.8	3.8
100 mL 乳中乳糖/g	4.8	7.0
100 mL 乳中矿物质/mg	417.69	123.65

1.1.1 乳蛋白

乳蛋白主要包括酪蛋白、乳清蛋白和微量蛋白。它们除了能够供给机体营养外,还具有物质运输、代谢调节、病菌防御和遗传信息传递等功能。

酪蛋白(casein)占乳蛋白总量的80%~82%,是乳腺自身合成的含磷的酸性蛋白,在乳中与钙离子结合,并形成微团结构。酪蛋白包括α、β、κ和γ酪蛋白等不同类型,其中β-酪蛋白是牛乳中主要的酪蛋白,而人乳中β-酪蛋白的含量很低。酪蛋白主要为机体提供营养,也是乳中丰富的钙、磷来源。

乳清蛋白(lactalbumin)富含人体8种必需氨基酸,配比合理,并且易被消化吸收,是公认的优质蛋白质来源之一。乳清蛋白占乳蛋白含量的18%~25%,主要包括α-乳白蛋白、β-乳球蛋白、血清白蛋白、免疫球蛋白和乳铁蛋白等。其中,β-乳球蛋白约占乳中乳清蛋白含量的50%,是反刍动物和猪中的主要乳清蛋白。α-乳白蛋白约占乳中乳清蛋白的25%,参与组成乳糖合成酶复合物。血清白蛋白来源于血清,不是由乳腺合成的,能结合脂肪酸以及其他小分子。乳清蛋白具有抗衰老的生理作用。免疫球蛋白(immunoglobulin,Ig)是初乳中最重要的免疫成分,其化学结构与抗体相似,具有抗体活性。初乳中IgG是体内分布最广的免疫球蛋白,占初乳中免疫球蛋白总量的80%~90%。新生幼仔在出生后可从初乳中摄取免疫球蛋白,从而获得被动免疫。

此外,在不同种类动物的乳中,还含有一些具有抑菌作用的非特异保护蛋白,包括乳铁蛋白、溶菌酶、乳过氧化物酶等。乳铁蛋白是离子结合蛋白,具有抗菌特性。乳铁蛋白在牛乳中浓度相对较低,而在人乳中浓度较高,是人乳中的主要乳清蛋白。人乳和牛乳中酪蛋白和乳清蛋白含量见表1-2。

表 1-2 人乳和牛乳中的酪蛋白和乳清蛋白

组分	牛乳	人乳
100 mL 乳中总酪蛋白/g	2.7	0.40
100 g 酪蛋白中 α_{S1}-酪蛋白/g	38.0	—
100 g 酪蛋白中 α_{S2}-酪蛋白/g	12.0	—
100 g 酪蛋白中 β-酪蛋白/g	36.0	65.0
100 g 酪蛋白中 κ-酪蛋白/g	14.0	7.00
100 mL 乳中总乳清蛋白/g	0.60	0.70
100 mL 乳中 α-乳白蛋白/g	0.11	0.30
100 mL 乳中 β-乳球蛋白/g	0.40	—
100 mL 乳中血清白蛋白/g	0.04	—

1.1.2 乳脂

乳脂主要成分为三酰甘油,其余部分为二酰甘油、一酰甘油、胆固醇及其酯、非酯化脂肪酸、磷脂、糖脂。乳脂呈小球状,称为乳脂肪球。乳脂肪球的表面包裹着一层由磷脂和蛋白质构成的膜,其作用是使乳脂肪球稳定悬浮于乳中,并能够防止乳脂肪酶的水解作用。乳脂能被新生儿利用,积累体脂,并且是新生儿的能量来源。乳脂主要由乳腺上皮细胞合成,经脂质双层膜包裹并以脂肪球的形式分泌。

1.1.3 乳糖

乳糖是大多数动物乳汁中的主要糖类,其作用是维持乳汁与血液的渗透平衡。乳糖是由1分子葡萄糖和1分子半乳糖经脱水缩合而形成的二糖。乳糖在小肠内经乳糖酶水解为葡萄糖和半乳糖,被机体吸收后可转变成多肽、氨基酸和脂肪酸等,进而提升乳蛋白和乳脂肪的利用率。小肠中可分解乳糖的酶类包括乳糖酶和β-半乳糖苷酶,两者分别位于小肠黏膜刷状缘和溶酶体内。乳糖可为新生儿提供能量,并且容易被消化吸收。此外,乳糖能够维持乳汁的渗透压,是促使水进入乳腺的最主要的乳成分。

1.1.4 乳中的其他成分

乳中所含的无机物质又称为矿物质。乳中不同的矿物质广泛参与机体的各种代谢活动,具有各自的生理功能。钙和磷是乳中的主要矿物质,可维持新生儿的骨生长和软组织发育。乳中的锌含量虽低,但具有很多生理功能,在生殖、免疫、骨骼发育、生物膜稳定和基因表达等生理功能中发挥重要作用。乳中的矿物质见表1-3。此外,乳中还含有多种维生素、酶(如乳过氧化物酶、溶菌酶、脂肪酶、淀粉酶)、激素(如胰岛素、催乳素)和生长因子[如表皮生长因子、胰岛素样生长因子(IGF)]等。

表 1 – 3 乳中的矿物质

矿物质	牛乳	人乳
100 g 乳中钙/mg	117	34
100 g 乳中磷/mg	92	15
100 g 乳中钠/mg	58	15
100 g 乳中钾/mg	138	55
100 g 乳中镁/mg	12	4
100 g 乳中铜/mg	0.03	0.04
100 g 乳中铁/mg	0.21	0.21
100 g 乳中锌/mg	0.4	0.4
100 g 乳中碘/mg	0.05	0.003

1.2 乳合成的生化代谢

乳的生成过程包括从血液中吸收物质和合成新物质。乳腺上皮细胞可以选择性吸收和浓缩血液中的无机盐、维生素、酶类和激素等,将其直接转变为乳成分。乳中的主要成分还可以由乳腺腺泡和细小乳导管的分泌型上皮细胞利用简单的前体分子(如氨基酸、葡萄糖、脂肪酸、乙酸和 β – 羟丁酸等)合成。

1.2.1 乳蛋白的合成

乳中90%以上的乳蛋白如酪蛋白、α-乳白蛋白和β-乳球蛋白等,来源于乳腺中氨基酸的从头合成。此外,小部分乳蛋白来源于血液中的蛋白质,主要包括免疫球蛋白和血浆清蛋白等。乳蛋白的合成场所是在粗面内质网的核糖体上,合成的乳蛋白在自身信号肽的引导下依次进入内质网腔和高尔基体内进行一系列的糖基化和磷酸化等化学修饰,再由分泌囊泡运输到上皮细胞的顶膜,最后以胞吐的方式释放到腺泡腔中。乳蛋白的合成与分泌过程见图1-1。

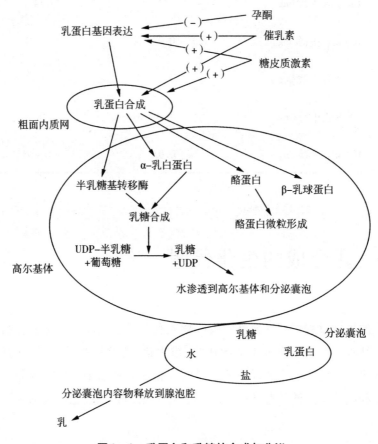

图1-1 乳蛋白和乳糖的合成与分泌

1.2.2 乳糖的合成

乳糖合成量是乳汁体积和泌乳期产奶量的关键,其原因是乳糖决定了乳汁中 50% 的渗透压,由此控制了乳汁的水分。葡萄糖经基底外侧膜进入细胞。一部分葡萄糖转变成半乳糖。葡萄糖和半乳糖进入高尔基体,在乳糖合成酶的催化作用下生成乳糖。乳糖经分泌囊泡以胞吐方式随同乳蛋白一起释放到乳腺腺泡腔中。乳糖的合成与分泌见图 1-1。

乳糖的合成是泌乳启动的关键步骤。α-乳白蛋白与 β-1,4-半乳糖基转移酶(β4GalT)在高尔基体中发生相互作用,合成乳糖。在乳糖经分泌泡运输到上皮细胞顶膜的过程中,分泌泡内乳糖的渗透作用促使水分进入分泌泡中。由此可见,乳糖的合成量直接影响乳的分泌量。

1.2.3 乳脂的合成

α-磷酸甘油途径是乳中三酰甘油的主要合成途径。α-磷酸甘油来源于还原的葡萄糖代谢产物——磷酸二羟丙酮,抑或来自乳糜颗粒和极低密度脂蛋白(VLDL)转运到乳腺组织中的三酰甘油经脂蛋白脂肪酶水解产生的。反刍动物乳腺合成脂肪酸的主要碳源是自身瘤胃发酵产生的乙酸和 β-羟丁酸。而非反刍动物乳腺细胞细胞质有很高的柠檬酸裂解酶活性和苹果酸转氢作用,可将葡萄糖作为主要碳源,将其氧化分解为代谢中间产物乙酰辅酶 A,再经柠檬酸/丙酮酸循环从线粒体转运到细胞质中作为脂肪酸合成的主要原料。

在光面内质网中,经脂肪酸酯化作用合成的脂类在细胞质中汇聚成脂滴,其体积由小变大,逐渐向上皮细胞的顶部迁移,并向腔面突出。突出腔面的脂滴由细胞质膜包裹,最后从顶膜上断裂并以脂肪球的形式进入腺泡腔中。乳中三酰甘油的来源见图 1-2。

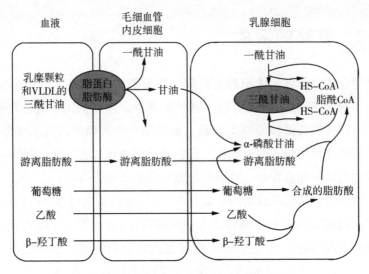

图 1-2　乳中三酰甘油的来源

1.3　乳合成相关基因及信号转导通路

1.3.1　mTOR 信号通路

mTOR(mammalian target of rapamycin)是哺乳动物细胞内的一种高度保守的丝/苏氨酸蛋白激酶,在细胞内分别以对雷帕霉素(rapamycin)敏感的mTORC1(mTOR complex 1)和对雷帕霉素耐受的 mTORC2(mTOR complex 2)两种不同复合物的形式存在。mTORC1 能够感受细胞外营养、生长因子、能量水平等外源信号,在细胞生长、细胞增殖与凋亡、蛋白质翻译和核糖体的生物合成等生理过程中发挥重要作用,已成为近年来研究的热点。mTORC1 功能失调会诱发包括恶性肿瘤、神经退化、肥胖和糖尿病等在内的多种疾病。目前,对 mTORC2 的研究较少,尚不清楚其复合物中多个结构域的功能。mTORC2 通过调控 Akt、PKC 的活化,参与细胞骨架蛋白的构建和细胞极性、生长空间的调节等。

mTORC1 上游的重要调节因子,如胰岛素(insulin)和 IGF - 1 通过与靶细胞表面上的受体形成配基 - 受体复合物激活受体并进一步激活胰岛素受体底物(IRS)。磷酸化的 IRS 诱导 PI3K(phosphatidylinositol 3 - kinase)与之结合并产生 PIP$_3$(phosphatidylinositol 3,4,5 - triphosphate),引起 Akt(又称 PKB,protein kinase B)的磷酸化。Akt 进一步磷酸化 mTOR 的 Ser 2 448 位点而激活 mTOR。mTOR 下游有两个效应分子,分别为 4E - BP1(eIF4E binding protein 1)和 p70S6K1(p70 ribosomal S6 protein kinase 1)。磷酸化的 mTOR 一部分与 eIF4E(eukaryotic translation initiation factor 4E)的抑制因子 4E - BP1 结合,使其磷酸化并释放 eIF4E,从而在翻译水平上促进蛋白质的翻译。此外,eIF4E 被释放后还能够与 eIF4(A、B、G)结合,组成 eIF4E 复合体,可促进细胞周期蛋白 D1 对细胞周期 G1 到 S 期的转换;另一部分磷酸化的 mTOR 可激活 p70S6K1,并磷酸化其下游底物 eIF4B(eukaryotic initiation factor 4B)、eEF1α(eukaryotic protein synthesis elongation factor 1α)、poly(A)等调控蛋白质的翻译。此外,Akt 还可以通过 TSC2/Rheb 途径激活 mTOR。mTOR 信号通路如图 1 - 3 所示。

雷帕霉素是 mTOR 特异性抑制剂,可与 FKBP12(FK506 - binding protein 12)形成 rapamycin/FKBP12 复合体。此复合体与 mTORC1 上 FRB 结构域(FKBP12 rapamycin binding domain)结合,从而抑制 mTOR 的活性。目前,在临床中雷帕霉素主要作为免疫抑制剂和抗肿瘤药物应用于对免疫疾病和肿瘤的靶向治疗方面。

已有研究结果表明,mTOR 信号通路是乳蛋白和乳脂合成的重要信号通路,此外,对乳腺上皮细胞的增殖也发挥着重要的调节作用。Burgos 等人研究了不同营养素和激素通过 mTOR 信号途径对乳腺细胞乳合成能力的影响。研究结果表明:不同氨基酸、胰岛素、催乳素和氢化可的松等可促进 Akt 的磷酸化,同时 mTOR 信号途径的底物 p70S6K1 和 4E - BP1 的磷酸化水平也显著提高;氨基酸能够促进乳蛋白的合成,这一作用可以被激素进一步增强。Bionaz 和 Loor 系统分析了奶牛在妊娠期、泌乳期和退化期等不同时期内与乳蛋白合成有关的基因调控网络。实验结果表明,在泌乳期,胰岛素和葡萄糖及氨基酸转运载体通过 mTOR 信号通路调控乳蛋白合成。Peterson

等人报道,mTORC1 能够调控一种磷脂酸磷酸酶(Lipin1)入核并发生去磷酸化而被催化激活。活化的 Lipin1 通过调节固醇调节元件结合蛋白(sterol regulatory element binding protein,SREBP)的表达,进而调控乳脂的合成。张霞研究发现,GSK3β 通过抑制 mTOR 途径负调控奶牛乳腺上皮细胞的乳合成和细胞增殖。

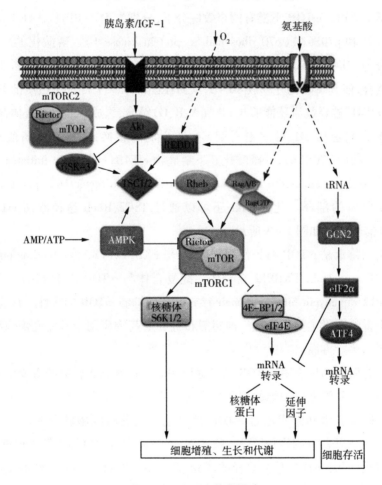

图 1-3 mTOR 信号通路

1.3.2 SREBP 信号通路

　　SREBP 属于碱性螺旋－环－螺旋－亮氨酸拉链转录因子家族成员,对于脂类稳态和脂肪合成的调控起到重要作用。SREBP 家族成员是在内质网上合成的膜蛋白,由经典的固醇信号通路调节并激活。当固醇缺乏时,SREBP 首先在内质网上合成无活性的前体,然后通过与 SCAP(SREBP cleavage activating protein)的相互作用形成 SREBP－SCAP 复合物。该复合物会运送到高尔基体,经 S1P(site－1 protease)和 S2P(site－2 protease)依次加工,进行两次蛋白水解,此时 N 端活性结构域暴露形成入核蛋白。SREBP 入核后与靶基因启动子的固醇调节元件 SRE(SREBP regulative element)结合,激活与固醇、脂肪酸合成相关基因的转录。当固醇含量丰富时,SREBP－SCAP 复合物在内质网中保留下来,不会被运送到高尔基体进行裂解。通过以上两种不同的精细调控,实现固醇调节的稳态。

　　在哺乳动物中,SREBP 包含 3 个亚型:SREBP－1a、SREBP－1c 和 SREBP2。其中,SREBP－1a 和 SREBP－1c 是由不同启动子驱动的 *SREBP*1 基因编码并进行选择性剪切而形成的蛋白。Ma 等人的研究结果显示,SREBP1 调控脂质合成关键酶类的表达,在脂质合成中发挥重要作用。SREBP－1a 和 SREBP2 主要参与固醇代谢的调控。SREBP－1c 由于 N 端的转录激活结构域比 SREBP－1a 短,因此其转录活性比 SREBP－1a 弱。SREBP－1c 主要参与调节脂肪酸和三酰甘油的合成。SREBP 家族的 3 个成员具有各自不同的生物学功能,其中 SREBP1 在肝脏和肾上腺中表达最多。与 SREBP1 相比,SREBP2 表达更广泛。大量的基因启动子分析结果表明,大多数固醇生物合成酶,特别是角鲨烯合成酶,在很大程度上受到 SREBP2 的调控。虽然它们在脂质代谢过程中发挥不同的作用,但它们作为内质网膜蛋白,均受到蛋白水解酶的切割作用而进行加工,成为 N 端含bHLH－Zip 结构域的转录激活形式。SREBP 蛋白酶裂解过程见图 1－4。

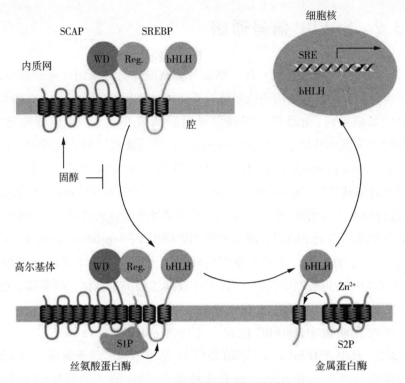

图 1-4 SREBP 的两步蛋白酶裂解

1.3.3 乳糖合成相关基因

由于乳腺细胞内的葡萄糖浓度明显低于乳糖合成酶的 K_m 值,因此葡萄糖的跨膜转运被部分研究者认为是乳生成的限速步骤,并且葡萄糖的摄取与乳糖的合成以及产奶量呈正相关。GLUT(glucose transporter)是存在于哺乳动物细胞内的一类葡萄糖转运蛋白,它能够介导一个双向的不依赖于能量的葡萄糖转运过程。Zhao 等人的研究结果表明,GLUT1 是奶牛乳腺中主要的葡萄糖转运蛋白,定位于乳腺上皮细胞的细胞膜和高尔基体上。此外,GLUT1 的表达还受到 mTOR 信号通路的调控。

乳糖的合成以葡萄糖作为前体物质,合成过程涉及一系列酶的参与。其中,乳糖合成酶是乳糖合成与分泌过程的主要限速酶。乳糖合成酶由 A、

B 两个亚基构成,A 亚基是在动物组织中普遍存在的 β－1,4－半乳糖基转移酶(β4GalT),它催化半乳糖基从 UDP－半乳糖上转移给 N－乙酰氨基葡萄糖。B 蛋白是存在于乳中的 α－乳清蛋白。B 蛋白结合 A 蛋白后会改变 A 蛋白的专一性,能够把 UDP－半乳糖中的半乳糖基直接转移给葡萄糖而生成乳糖。B 蛋白实际上起到修饰亚基的作用。β4GalT 家族包括 7 个成员:β4GalT1 和 β4GalT2 主要参与糖链的半乳糖苷化;β4GalT3 和 β4GalT4 涉及糖脂的生物合成;β4GalT5 和 β4GalT6 主要参与半乳糖神经酰胺的生物合成;β4GalT7 主要参与糖胺聚糖与核心蛋白之间木糖残基的半乳糖苷化。在乳糖合成方面,Charron 等人报道了泌乳期乳腺组织在乳糖合成过程中,β4GalT 表达水平提高并且受到翻译水平上的调控。Shahbazkia 等人的研究结果表明,*β4GalT*1 是影响荷斯坦牛乳产量的潜在基因。Amado 等人报道了 β4GalT1 和 β4GalT2 具有对 α－乳白蛋白相似的敏感性。两者结构中均含有相似的 α－乳白蛋白结合位点,推测其具有相似的乳糖合成酶活性。本课题组前期的研究发现,在甲硫氨酸处理的奶牛乳腺上皮细胞中,乳糖分泌能力提高的同时,*β4GalT*2 的 mRNA 表达量也显著提高。实验结果表明,*β4GalT*2 是奶牛乳腺上皮细胞中与乳糖合成相关的重要基因。

1.3.4 PI3K－Akt 信号通路

磷脂酰肌醇－3 激酶(phosphatidylinositol－3－kinase,PI3K)广泛参与细胞代谢、细胞增殖、细胞生长与存活,以及葡萄糖摄取与储存等多种细胞过程的调节。根据结构的不同,PI3K 可分为Ⅰ型、Ⅱ型和Ⅲ型。PI3KⅠ型能与细胞表面受体结合,近年来被广泛研究。PI3KⅠ型又分为ⅠA 和ⅠB 两种不同亚型。ⅠA 型和ⅠB 型分别从细胞表面的受体酪氨酸激酶(receptor tyrosine kinase,RTK)和 G 蛋白偶联受体(G－protein coupled receptor,GPCR)接受胞外传递的信号。PI3K ⅠA 型是由 p110 催化亚基和 p85 调节亚基组成的异源二聚体,具有 SH2 结构域,可结合活化的 RTK 和多种细胞因子受体内的磷酸酪氨酸残基,可以磷酸化细胞膜上的磷脂酰肌醇二磷酸(PIP_2),使其转变为磷脂酰肌醇三磷酸(PIP_3)。

PI3K－Akt 信号通路的异常激活会使细胞凋亡受到抑制,促进细胞增殖,对营养缺乏、缺氧等外环境产生耐受性,以及参与血管生成、肿瘤的生长和转移。生长因子、激素、细胞因子和趋化因子等都能启动 PI3K 的激活过程。这些因子与相应受体结合,引发受体自磷酸化。受体上磷酸化的残基提供 PI3K 膜转位的锚定位点(docking site)。具有磷脂酰肌醇激酶活性的 PI3K 被激活后可磷酸化膜结合的 PIP_2 肌醇环上特定的羟基,使其转化为 PIP_3。作为第二信使的 PIP_3,在胞内与 N 端含有 PH 结构域(pleckstrin homology)的信号蛋白 Akt 结合,使细胞质中的 Akt 转移到细胞膜上。PDK1(3 - phosphoinositide dependent protein kinase - 1)通过磷酸化 Akt 蛋白的 Thr308 位点而激活 Akt。此外,mTORC2 可通过磷酸化 Akt 的 Ser473 位点将其活化。Takuwa 等人报道了在生长因子刺激下,NIH3T3 成纤维细胞通过 PI3K 途径激活 mTOR 进而调控细胞周期蛋白 D1 的表达。

活化的 Akt 通过磷酸化多种下游分子调节细胞的功能。例如,在影响葡萄糖代谢方面,Akt 通过激活其底物 AS160,促进 GLUT4 的转座和肌细胞对葡萄糖的摄取。Akt 还可以通过抑制 GSK3β 的活性,促进葡萄糖代谢和调节细胞周期;在影响蛋白质翻译方面,Akt 通过磷酸化 TSC1/2,可阻止其对小 G 蛋白 Rheb(Ras homology enriched in brain)的抑制作用,进而促进 Rheb 对 mTORC1 的活化。这些作用可促进蛋白质翻译和细胞生长。Akt 能够激活 IκB 激酶(IKK),使 NFκB 的抑制蛋白 IκB 被其磷酸化后而降解。NFκB 解除抑制后从细胞质中移位到细胞核中,激活其靶基因的表达。在影响细胞凋亡方面,Akt 能够磷酸化 Bcl-2 家族成员中的 BAD(Bcl - 2 - associated death promoter),使其与 14-3-3 结合而阻止其与 Bcl-xL 结合,起始凋亡。Akt 还能抑制胱天蛋白酶-9 的蛋白水解酶活性而阻止其对凋亡级联反应的激活。FOXO 属于 Forkhead 转录因子家族,参与调节细胞增殖与凋亡。Akt 能够磷酸化 FOXO1,引发其从细胞核中移位到细胞质中而阻止 FOXO1 的转录激活作用。Akt 还能通过磷酸化肿瘤抑制因子 p53 的结合蛋白 MDM2 而影响 p53 的活性。磷酸化的 MDM2 与细胞核中的 p53 结合,通过促进 p53 蛋白的降解而影响细胞凋亡、DNA 修复和细胞周期的停滞。Akt1 对泌乳的作用主要表现为对乳腺组织代谢的影响,如促进蛋白质的合成和糖代谢。本课题组在前期研究中发现,奶牛乳腺上皮细胞经甲硫氨酸处理后,Akt1 的表达水平明显升高。Akt1 表达水平的上调,引发其下游 mTOR 的激活,进而促进乳蛋白的合成。PI3K – Akt 信号通路见图 1 – 5。

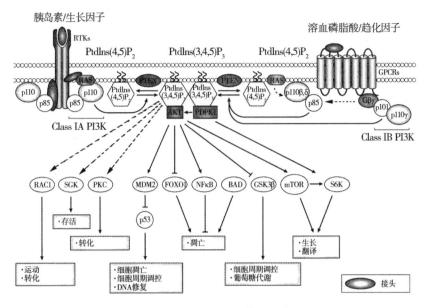

图 1 – 5 PI3K – Akt 信号通路

1.3.5 GCN2 – eIF2α 信号通路

一般性调控阻遏蛋白激酶 2(GCN2) 是 GCN2 – eIF2α 信号通路中的核心蛋白。GCN2 能够感受氨基酸的缺乏,该信号通路被激活后能够减少机体内蛋白质的合成,以满足机体对能量和其他方面的需求。GCN2 含有组氨酸 – tRNA 合成酶的相关结构域,该结构域与不同水平的氨基酸有着不同的亲和力,因此能够灵敏地感受机体内的营养状态。当机体缺乏氨基酸时,游离的 tRNA 增多,促使 GCN2 被激活,引起转录起始因子 eIF2α 磷酸化。eIF2α 的磷酸化会抑制大多数基因的表达,减少机体内蛋白质的合成。GCN2 – eIF2α 信号通路见图 1 –6。

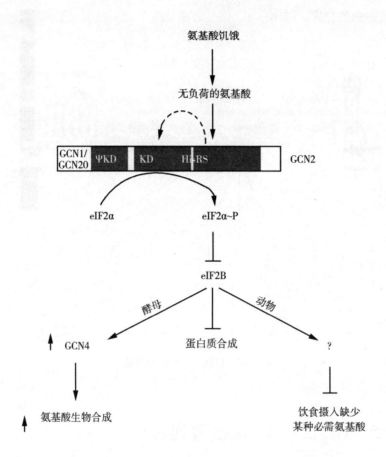

图1-6 GCN2-eIF2α信号通路

1.4 营养素和激素对泌乳的调节作用

1.4.1 营养素对泌乳的调节作用

基因的表达受到营养素和激素的共同调节。营养素对基因表达的影响是目前生物学领域的研究热点之一。探索营养素调控乳蛋白的合成,提高乳蛋白的产量进而改善乳品质是泌乳生物学领域的研究前沿。

葡萄糖是乳糖合成的主要前体物质,处于泌乳期的奶牛需要大量的葡萄糖供应。乳产量在很大程度上取决于乳腺中乳糖的合成,因此葡萄糖在奶牛乳腺组织中的利用率是制约乳产量的潜在因素。Liu 等人的研究结果表明,高浓度葡萄糖不仅能够影响 ACC、FAS、$SREBP1$ 和 $\beta4GalT$ 基因的 mRNA表达,还能够提高糖酵解和通过戊糖磷酸途径促进葡萄糖代谢。Lemosquet等人通过向奶牛十二指肠灌输葡萄糖(1.5 kg/d)发现,高浓度葡萄糖能够降低脂肪酸循环中 C_{18}脂肪酸的产量,进而降低乳脂的产量。Wang 等人在培养液中添加 20 mmol/L 葡萄糖,能够显著促进奶牛乳腺上皮细胞 β – 酪蛋白和乳糖的分泌,但培养液中三酰甘油的分泌量无显著变化。此实验结果可能与高浓度葡萄糖能够降低乳脂合成相关基因的表达水平有关。

氨基酸是合成蛋白质的重要前体物质,同时也是动物体内许多酶类和激素的母体或合成原料,在体内具有调节、调控和影响生理生化代谢的作用。目前,许多研究已经证实氨基酸对乳蛋白合成的重要作用,能够在不同程度上提高奶牛的乳蛋白产量、产奶量以及饲料氮转化效率。通过调控乳腺组织血液中不同种类氨基酸的供给,以增加乳腺摄取氨基酸的能力,提高乳蛋白的合成。

近年来,研究较多的是氨基酸对乳蛋白的调控作用。氨基酸调控乳蛋白的主要信号通路包括 mTOR 和 GCN2 信号通路。在氨基酸供给充足的条件下,mTOR 感受细胞内氨基酸水平通过抑制 4E – BP1 和 eIF4E 的结合以及激活 S6K 活性调控乳蛋白的合成。当氨基酸供给不足时,GCN2 被激活并使 eIF2α 磷酸化,eIF2B 的活性被抑制,从而减少体内大多数蛋白质的合成。Lu 等人的研究结果表明,赖氨酸能够显著提高奶牛乳腺上皮细胞的活力和 β – 酪蛋白(β – casein)的表达,并通过细胞核蛋白质的双向电泳证实了在赖氨酸处理的奶牛乳腺上皮细胞中包括 MAPK1 在内的 6 种磷酸化蛋白质的上调表达。此外,研究还发现 MAPK1 通过 mTOR 和 STAT5 途径正向调控乳蛋白的合成。氨基酸对 mTOR 和 GCN2 信号通路的调控见图 1 – 7。

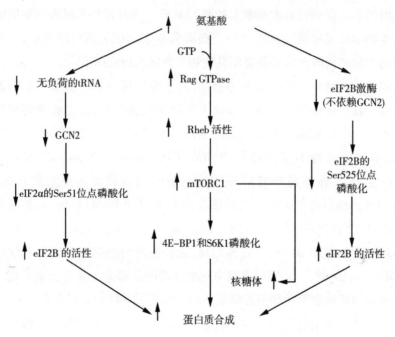

图 1 – 7　氨基酸对 mTOR 和 GCN2 信号通路的调控

此外,氨基酸还可以通过 mTOR 信号通路调控 SREBP 和 GLUT1 的表达,进而影响奶牛乳腺上皮细胞乳脂和乳糖的合成与分泌。Wang 等人报道,亮氨酸通过调控 mTOR、SREBP – 1c 和 GLUT1 的表达,促进乳腺上皮细胞乳蛋白的合成以及三酰甘油和乳糖的分泌。甲硫氨酸作为乳蛋白合成的限制性氨基酸,不仅影响乳蛋白的合成,还能够影响奶牛乳腺上皮细胞脂肪酸摄取和从头合成相关基因及乳脂合成调控因子 *SREBP*1 和 *PPARγ* 基因的表达。

1.4.2　激素对泌乳的调节作用

乳腺是受内分泌系统多种激素调控的靶器官,其生长发育及生理功能的发挥依赖于各种相关内分泌激素的协同作用。乳腺的发育、泌乳和退化等过程中,雌激素、孕激素、催乳素、生长激素和胰岛素等是主要的调控激素。在青春期和妊娠期,以雌激素、孕激素、催乳素和生长激素调节为主,而在分娩后,催乳素和催产素发挥主要作用。雌激素主要促进乳腺导管的发育,孕激素中生物活性最高的孕酮主要促进乳腺腺泡的发育。催乳素能够刺激乳腺腺泡发育,促进乳汁的生成和分泌。高浓度孕酮可在分娩前抑制催乳素的分泌,使乳腺不泌乳;分娩后,孕酮水平下降,孕酮对催乳素的抑制作用解除,催乳素发挥作用并维持泌乳。多种激素之间既相互协同又彼此制约,共同维护乳腺的内分泌平衡。

类固醇激素在泌乳调控方面发挥重要作用。类固醇激素分子小且易溶于脂类,可以穿过细胞膜,进入靶细胞内与细胞质中特异受体结合成激素－受体复合物,受体结构发生改变后,进入细胞核,形成激素－核受体复合物,此复合物作用于基因组,启动DNA的转录过程,并诱导新蛋白质的生成。雌激素是由动物卵巢分泌的一类重要的类固醇激素。雌二醇是生理活性最强的雌激素。雌激素是促进乳腺发育的主要激素,动物卵巢内的卵泡在青春期成熟后便开始分泌大量的雌激素。它能够触发乳腺的迅速生长,对青春期乳腺的发育更是必不可少。

雌激素与靶细胞内雌激素受体(estrogen receptor,ER)的特异性结合是雌激素对靶细胞作用的分子基础。雌激素受体位于细胞质或细胞核内,具有转录因子的活性。在没有雌激素作用时,雌激素受体与其抑制因子结合,转录活性受到抑制;当雌激素与雌激素受体特异性结合后,雌激素受体与抑制因子解离,其自身结构发生变化,形成二聚体并聚集活化因子,然后与靶基因中的雌激素受体反应元件(estrogen response element,ERE)结合,发挥转录因子活性,刺激靶基因转录并合成相关蛋白,发挥其生物学效应。Santo等人的研究结果表明,STAT5A作为乳腺发育中重要的调节因子,在青春期前的乳腺中表达量非常低,而在青春期的腔上皮细胞中被高度诱导表达。在切除卵巢的青春期动物中,*STAT5A* 不表达,而用雌激素处理后,*STAT5A* 出现在有雌激素受体的部位。研究结果表明,在青春期乳腺中,雌激素可通过其受体在细胞水平诱导 *STAT5A* 表达的作用。Feuermann 等人的研究结果表明,雌激素和瘦素在催乳素的联合作用下能够提高奶牛乳腺上皮细胞中乳蛋白的表达。

1.5 *NFκB* 基因的功能研究

1.5.1 NFκB 的基本结构与功能

核因子 κB(nuclear factor of κB,NFκB)是一种广泛存在于真核细胞内的基因多向性转录因子,于 1986 年在小鼠 B 淋巴细胞的核抽提物中首次发现,因其能特异性地结合免疫球蛋白 κ 轻链基因的上游增强子序列并激活该基因的转录而命名。NFκB 蛋白家族包含 5 个成员,分别是 Rel A(p65)、Rel B、c – Rel、NFκB1(p105/p50)和 NFκB2(p100/p52)。NFκB 通过形成同源或异源二聚体与靶基因上特定的 DNA 序列结合,调控靶基因的转录。这一核心序列的通式为 GGGRNNYYCC(其中 R 为嘌呤碱基,Y 为嘧啶碱基,N 为任意碱基)。在 NFκB 形成的众多二聚体中,p50/p65 是最早被发现并且分布最广泛的二聚体形式。

NFκB 家族成员(见图 1 – 8)在 N 端均包含一段约 300 个氨基酸的 Rel 同源结构域(Rel homology domain)。RHD 包含 3 个功能区,分别介导 DNA 结合、二聚化和核转位。核转位功能区含有一段核定位序列(nuclear localization sequence,NLS) Rel A、Rel B 和 c – Rel,其 C 端均含有一段与转录活化有关的 TAD(transactivation domain)。由此可见,NFκB 具有典型的转录因子的结构特征。由于 p50 和 p52 缺乏 TAD 结构域,其同源二聚体不能激活基因转录。p105 和 p100 分别是 p50 和 p52 的前体。在 p105 和 p100 蛋白分子的 N 末端包含一段由 23 个氨基酸组成的甘氨酸富集区域(GRR),该区域能够被定向蛋白酶识别并切割其下游部位,p50 和 p52 分子由此形成。

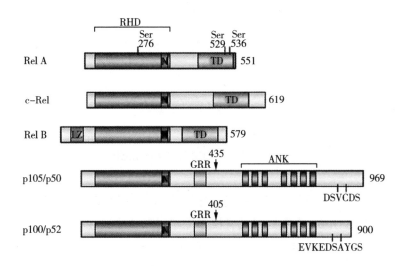

图 1 - 8　NFκB 家族成员结构示意图

1.5.2　IκB 与 IKK

在静息状态下,NFκB 通常与 IκB(inhibitor of NFκB)结合在一起,以非活性的形式存在于细胞质中。IκB 蛋白家族包括 IκBα、IκBβ、IκBε 和 BCL - 3 等成员。IκB 蛋白在 C 末端均含有 3~7 个锚蛋白重复序列 ANK,每个 ANK 均由同源的 33 个氨基酸组成,多个重复序列相互叠加形成的螺旋核心结构域介导 IκB 与 NFκB 中 RHD 结构域紧密结合,掩盖了位于 RHD 中的核定位序列,从而将 NFκB 保留在细胞质中,抑制其活性。IκB 蛋白家族的结构见图 1 -9。

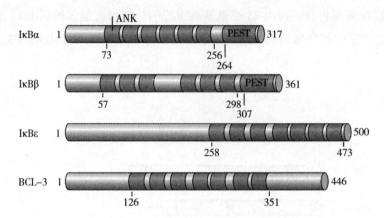

图 1 - 9　IκB 蛋白家族的结构示意图

IκB 蛋白家族成员中,IκBα 是最早被发现并且研究得最清楚的 IκB 蛋白分子。由于 IκBα 自身同时具备核定位序列和核输出序列,因此不仅可以抑制细胞质中的 NFκB,而且还可以抑制已进入细胞核的 NFκB。IκBα 进入细胞核后可与游离的 NFκB 结合,阻碍其与 DNA 序列结合。同样,IκBα 还能够促使已经发挥转录调控功能的 NFκB 和与其结合的 DNA 序列解离。IκBα 借助自身的核输出序列携带其结合的 NFκB 返回到细胞质中。

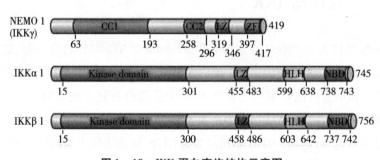

图 1 - 10　IKK 蛋白家族结构示意图

IκB 激酶复合物(IKK)包含两个具有丝/苏氨酸蛋白激酶活性的催化亚单位 IKKα 和 IKKβ,以及非酶骨架蛋白 NEMO(IKKγ)。IKKα 和 IKKβ 二者结构相似,分别由 745 个和 756 个氨基酸组成。它们的 N 段均含有激酶结构域(kinase domain)和亮氨酸拉链(leucine zipper motif LZ)结构域,其 C 端均

含有螺旋 – 环 – 螺旋(helix – loop – helix,HLH)结构域。IKKα 和 IKKβ 通过 LZ 结构域介导形成异源二聚体,并通过 HLH 结构域与 IKKγ 紧密结合而形成 IKK 激酶复合体。IKK 蛋白家族结构示意图见图 1 – 10。IκB 在 IKK 激酶复合体的介导下被磷酸化,随后被蛋白酶降解,NFκB 二聚体随即被活化,入核后激活靶基因的转录。

1.5.3 NFκB 的经典信号通路和非经典信号通路

在经典信号通路中,配体和细胞表面受体的结合导致 IKK 复合物招募一些配体(如泛素连接酶 TRAF)聚集到受体的胞内区域。这些配体反过来也会招募 IKK 复合物,继而引发抑制蛋白 IκB 的磷酸化。磷酸化的 IκB 随后被蛋白酶降解,NFκB 随之暴露其核定位序列,并进入细胞核内,与细胞核内特定的 DNA 序列结合,调控靶基因的转录。NFκB 的经典信号通路见图 1 – 11。

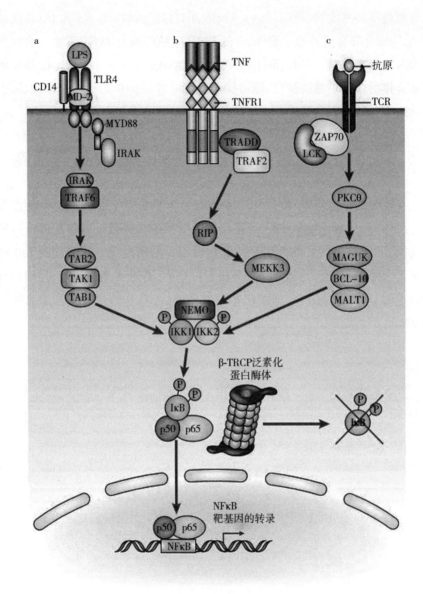

图1-11 NFκB 的经典信号通路

　　NFκB 的非经典信号通路见图1-12。在非经典信号通路中,NFκB 的活化涉及 p52 的前体,即 p100 的磷酸化和加工。随后 Rel B 与 p52 的异源二聚体转移至细胞核,激活靶基因的表达。非经典信号通路包括 p100/Rel B

复合物的激活,主要发生在淋巴器官的发育过程中。只有较少的刺激信号(包括淋巴毒素－B和B细胞活化因子)可通过该信号途径将 NFκB 激活。这个信号通路涉及的 IKK 复合物包含两种亚基,但不包含经典信号通路中的 NEMO。在非经典信号通路中,配体介导信号激活,触发 NIK 磷酸化并激活 IKKα 复合物。随之,IKKα 复合物磷酸化 p100,导致 p52/Rel B 异源二聚体的加工和释放。

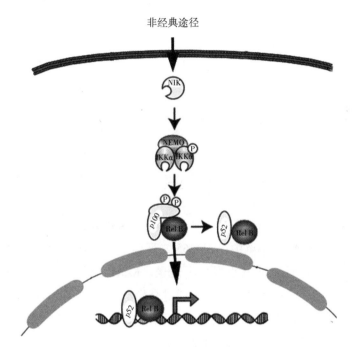

图 1 − 12 NFκB 的非经典信号通路

1.5.4 *NFκB* 基因功能的研究进展

近年来的研究结果表明,NFκB 参与了肿瘤的发生、发展与浸润转移。NFκB 还能够调节免疫细胞的活化、T/B 淋巴细胞的生成和发育。NFκB 异常活化导致细胞周期调节失控,细胞无限增殖和分裂。NFκB 还可以通过促进炎症介质及黏附因子的生成,进而促进细胞的黏附、迁移及肿瘤血管的生成。

Liu 等人报道了在 TNFα 或 IL－1B 刺激下的乳腺癌细胞系 MDA－MB－231 中,lncRNA NKILA 调节 NFκB 活性进而调控乳腺癌扩散的分子机制。Chen 等人报道了 *NFκB*2 基因突变是引起普通变异型免疫缺陷病(common variable immunodeficiency,CVID)的诱因。Boztug 等人报道了 NFκB1 单倍剂量不足会导致免疫系统缺陷病和 EB 病毒驱动下的淋巴组织增生。Ozes等人研究发现,TNF(tumor necrosis factor)通过激活 PI3K 及其下游分子 Akt,引起 IKKα 磷酸化,使 IκB 磷酸化并降解,从而释放 NFκB。Buskens 等人报道了结肠癌早期 *NFκB* 的持续表达导致 *COX*－2 过度表达而引起肠黏膜细胞过度增生。Yamini 等人报道了 NFκB1 能够延缓哺乳动物的衰老进程。在敲除 *NFκB*1 的小鼠中,p50/p65 二聚体中的 p50 被 p52 取代,引起细胞凋亡水平下降,使未成熟小鼠提早衰老。Kravtsova－Ivantsiv 等人报道了具有泛素连接酶 E3 活性的 KPC－1 通过介导泛素化和蛋白酶体加工过程使 p105 前体合成有活性的 p50,并抑制肿瘤的生长。本课题组前期研究结果表明,甲硫氨酸和雌激素可引发 NFκB1 与 *Tudor－SN* 和 *STAT5A* 启动子结合,促进其蛋白表达及核转位。

1.6　氨酰 tRNA 合成酶的功能研究

1.6.1　氨酰 tRNA 合成酶的结构与功能

众所周知,氨基酸在掺入多肽链之前必须先被活化,与相应的 tRNA 结合形成氨酰 tRNA,才能参加蛋白质的合成反应。氨基酸的活化反应在细胞质中进行,并由氨酰 tRNA 合成酶(aminoacyl tRNA synthetase,aaRS)催化完成。氨酰 tRNA 合成酶的主要功能是负责将特定氨基酸连接到相应 tRNA 上,产生多肽链,最终翻译成蛋白质。氨酰 tRNA 合成酶是进化上非常保守的一类酶,通常至少包含两个结构域:反密码子结构域(anticodon – binding domain,ABD)和催化核心结构域(catalytic central domain,CCD)。此外,有的氨酰 tRNA 合成酶还具有锌离子结合结构域(Zn – binding domain)、校对结构域(editing domain)和插入结构域(insert domain)等。氨酰 tRNA 合成酶可根据序列和活性位点的不同被分为 Class Ⅰ 和 Class Ⅱ 两大类:Class Ⅰ 含有 2 个高度保守的序列,这类酶所催化的氨酰化反应发生在 tRNA 上腺苷的 2′ – 羟基上,并且具有活性的酶分子通常以单体或二聚体的形式存在;Class Ⅱ 通常含有 3 个高度保守的序列基序,这类酶所催化的氨酰化反应发生在 tRNA 上腺苷的 3′ – 羟基上,并且酶分子通常以二聚体或四聚体的活性形式存在。aaRS 的分类见表 1 – 4。

表 1-4 氨酰 tRNA 合成酶的分类

类别	Class I	Class II
Group a	ArgRS (α)	GlyRS (α_2)
	CysRS (α/α_2)	HisRS (α_2)
	IleRS (α)	SerRS (α_2)
	LeuRS (α)	ThrRS (α_2)
	LysRS (α/α_2)	
	MetRS (α/α_2)	
	ValRS (α)	
Group b	GlnRS (α)	AsnRS (α_2)
	GluRS (α)	AspRS (α_2)
		LysRS ($\alpha_2/(\alpha_2)_2$)
Group c	TrpRS (α_2)	AlaRS (α, α_2, α_4)
	TyrRS (α)	GlyRS ($\alpha_2\beta_2$)
		PheRS (α, $\alpha_2\beta_2$)

　　氨酰 tRNA 合成酶对 tRNA 氨酰化作用的首要前提是对底物氨基酸的准确识别。由于氨基酸之间的侧链提供的识别位点较少,氨酰 tRNA 合成酶根据 CCD 中结合口袋的大小和带电性质,排除侧链过大以及带电性质不符的氨基酸,特异性地结合对应或相近的氨基酸和 ATP,催化生成氨酰 - AMP(aa - AMP)。与氨基酸相比,tRNA 与氨酰 tRNA 合成酶之间的接触面积较大,通常情况下,tRNA 的氨基酸接受臂和反密码子环分别与氨酰 tRNA 合成酶的 CCD 和 ABD 结合。氨酰 tRNA 合成酶与 tRNA 识别并结合后形成稳定的 aaRS - tRNA 复合物。氨酰 tRNA 合成酶自身还具有校正错误酰化的活性部位,能水解错误结合的 aa - AMP 或 aa - tRNA 之间形成的共价键,阻止向

新生肽链引入错误的氨基酸。

氨酰 tRNA 合成酶具有非常高的专一性,每种氨基酸至少对应一种氨酰 tRNA 合成酶,aaRS 既能识别特定的氨基酸,同时也能识别携带该氨基酸的一个或多个 tRNA。氨酰 tRNA 合成酶参与的合成分两步进行:第一步是氨酰 tRNA 合成酶特异性识别并结合 1 种特定氨基酸以及 1 分子 ATP,在氨酰 tRNA 合成酶的催化作用下(图 1 – 13),ATP 的 α – 磷酸基团与氨基酸的α – 羧基连接,氨基酸被活化后形成中间产物 aa – AMP,同时释放 1 分子 PPi,此时 aa – AMP 仍然与氨酰 tRNA 合成酶紧密结合(aa + ATP ⟶aa – AMP + PPi)。第二步是第二个氨酰 tRNA 合成酶催化的反应,即通过形成酯键,将氨基酸与 tRNA 3′端的核糖连接(aa – AMP + tRNA ⟶aa – tRNA + AMP)。通过上述两步反应,氨基酸被活化。第二步反应的专一性很高,即使在第一步反应中形成了不正确的中间产物,错误的中间产物也很容易被 aaRS 识别并很快被水解,这就是前面提到的氨酰 tRNA 合成酶的校正作用。氨酰 tR-NA 合成酶具有的高度专一性和校正功能保证了氨基酸与其特定的 tRNA 准确配对,保证了蛋白质合成的高保真度。

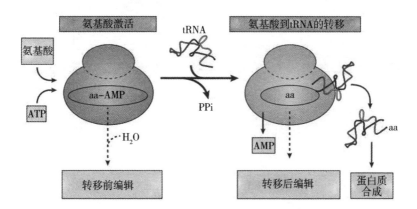

图 1 – 13 氨酰 tRNA 合成酶参与的催化反应

1.6.2 氨酰 tRNA 合成酶的非经典功能

氨酰 tRNA 合成酶在进化过程中十分保守。在漫长的进化过程中,氨酰 tRNA 合成酶在分子上不断有新的结构域出现(图 1 - 14),在结构越来越复杂的同时,这类分子被赋予了除了氨酰化的经典功能以外的生物学新功能(非经典功能)。

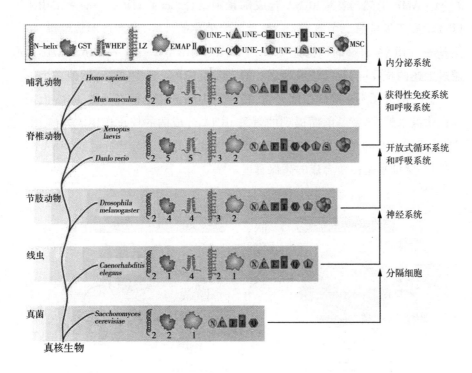

图 1 - 14 氨酰 tRNA 合成酶在进化过程中的结构变化

近年来的研究结果表明,氨酰 tRNA 合成酶作为一类新的信号调节分子,广泛参与包括细胞凋亡、信号转导、血管生成、细胞迁移、炎症反应、肿瘤生成和免疫调节等在内的多种生物学过程,在正常状态下能够维持细胞内的稳态平衡。

近年来,氨酰 tRNA 合成酶相关研究报道包括:赖氨酰 tRNA 合成酶

（LysRS，KRS）通过其磷酸化修饰后可从氨酰 tRNA 合成酶复合体中释放，进入细胞核后与相关转录因子结合，激活转录因子发挥转录调控作用，调节机体的免疫应答过程；丝氨酰 tRNA 合成酶（SerRS，SRS）C 末端存在一段被称为 UNE－S 的特殊结构域。在这段结构域中含有一段核定位信号，可引导 SerRS 入核并发生磷酸化，进而抑制血管内皮细胞生长因子（VEGF）的表达。斑马鱼中编码 SerRS 的基因的突变会引发其躯干和脑部内皮细胞的异常增长；谷氨酰－脯氨酰 tRNA 合成酶（EPRS）可被 CDK5（cyclin－dependent kinase 5）激活，调控巨噬细胞炎症相关基因的表达；酪氨酰 tRNA 合成酶（TyrRS，YRS）可促进内皮细胞的增殖和迁移以及调节免疫应答；色氨酰 tRNA 合成酶（TrpRS，WRS）能够结合血管内皮细胞钙黏蛋白，抑制血管生成。这些研究成果正在逐步深化人们对现有细胞信号转导通路的认识。值得一提的是，Han 等人通过研究发现了亮氨酰 tRNA 合成酶（LeuRS，LRS）可接受来自外源的亮氨酸信号，激活 mTORC1 复合体成员 RagB/D，进而激活 mTOR。这一研究成果开启了从氨基酸经氨酰 tRNA 合成酶到 mTOR 的崭新途径，对本书的研究具有重要的启示作用。

氨酰 tRNA 合成酶异常表达会导致生物代谢功能紊乱，编码区内的基因突变会诱发多种病变，导致多种人类疾病。例如：线粒体中天冬氨酰 tRNA 合成酶和精氨酰 tRNA 合成酶的突变会导致伴脑干和脊髓受累及乳酸升高的脑白质病变和小儿脑病；线粒体中酪氨酰 tRNA 合成酶的突变会引发常见的先天性代谢缺陷病——线粒体呼吸链失调；组氨酰 tRNA 合成酶的异常突变会导致卵巢发育不良和感觉性神经听力丧失等。

1.6.3　甘氨酰 tRNA 合成酶的研究进展

甘氨酰 tRNA 合成酶（glycyl tRNA synthetase，GlyRS）属于 Ⅱ 型氨酰 tRNA 合成酶，它有两种不同的聚合类型，分别是 α_2 二聚体和 $\alpha_2\beta_2$ 四聚体形式。一般来说，二聚体形式主要存在于真核细胞中，四聚体形式主要存在于原核细胞中。牛（*Bos taurus*）的 GlyRS 有 739 个氨基酸，分子质量约为 83 ku。1～116 aa 为 WHEP 结构域，此结构域高度保守；117～610 aa 为氨基酸催化核心结构域（catalytic core domain，CCD）；611～739 aa 为反密码子结合结构域

(anticodon binding domain, ABD)。GlyRS(*Bos taurus*)的结构见图 1 – 15。

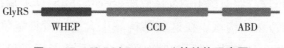

图 1 – 15　GlyRS(*Bos taurus*)的结构示意图

　　近年来研究人员发现,GlyRS 除了具有氨酰化的经典功能外,还有其他功能。Mun 等人在乳腺癌和直肠癌中发现。*GlyRS* 基因过量表达。*GlyRS* 基因编码区内的突变会引起一种人类常见的遗传性神经病变——夏玛丽牙病。夏玛丽牙病在遗传学和临床上被诊断为染色体显性遗传病变,表现为运动神经和感觉神经末梢功能的渐进性退化。Blumen 等人研究发现,*GlyRS* 基因突变还会引起青年上肢远端肌萎缩(又称平山病)。Park 等人报道了巨噬细胞可分泌 GlyRS 蛋白应答肿瘤细胞释放的配体,并抑制肿瘤细胞的生长。Antonellis 等人发现 *GlyRS* 基因突变还与腓骨肌萎缩有关。

　　在本课题组的前期研究中,Huang 等人在培养液中添加雌激素处理奶牛乳腺上皮细胞并提取胞核蛋白,将通过亲和层析富集的磷酸化蛋白进行双向电泳,选择蛋白表达量明显升高的蛋白点进行质谱鉴定,从质谱鉴定结果中发现了包括 GlyRS 在内的 7 种与对照组相比表达量显著升高的磷酸化蛋白。进一步研究发现,GlyRS 作为接受氨基酸(甲硫氨酸)信号的重要调控分子,能够促进奶牛乳腺上皮细胞的乳蛋白合成和细胞增殖。GlyRS 在氨基酸的刺激下,一部分与细胞质中 eIF2D(eukaryotic translation initiation factor 2D)结合,在翻译水平上调控 β - 酪蛋白的表达,另一部分 GlyRS 在 Thr544 和 Ser704 位点发生磷酸化,在 N 端核定位序列的引导下入核并发生分子剪切。N 端 1~72 aa 被剪切掉并迅速降解,C 端 73~739 aa 在细胞核内发挥作用。免疫共沉淀(CoIP)和荧光共振能量转移(FRET)研究证实 p - GlyRS 在细胞核内能够与 NFκB1 结合并促进 NFκB1 与 β - 酪蛋白启动子结合,从转录水平调控乳蛋白的表达,见图 1 – 16。此外,古新宇等人还发现,GlyRS 通过上调 *Cyclin D*1 基因的表达,促进奶牛乳腺上皮细胞的增殖。

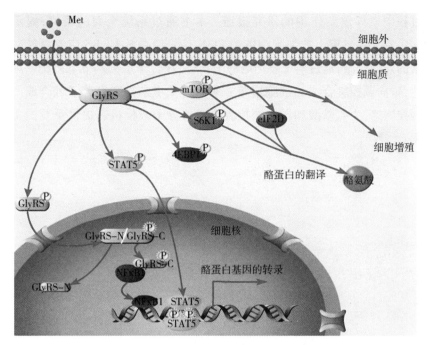

图 1 – 16　GlyRS 对奶牛乳腺上皮细胞乳蛋白合成的调控

1.7　目的与意义

乳合成是哺乳动物乳腺的重要代谢过程,对其机制的研究是生命科学领域的重要内容。近年来的研究结果表明,mTOR 信号通路是乳蛋白合成的重要信号途径。氨基酸可激活 mTOR,促进奶牛乳腺上皮细胞乳蛋白的合成和细胞增殖。SREBP – 1c 主要参与调节脂肪酸和三酰甘油的合成,在乳脂合成方面发挥重要作用。氨基酸和激素等外源信号激活乳合成相关信号通路的机制研究得尚不深入,哪些重要的信号分子介导了氨基酸和激素的信号传递,又有哪些重要信号分子参与了转录和翻译的调控过程,这些均是泌乳生物学领域尚未解决的重要科学问题。

NFκB 作为重要的转录因子,近年来已被广泛研究,鲜有关于其在乳合成过程中发挥重要作用的研究报道。本书通过系统全面的研究,揭示了 NFκB1 在奶牛乳腺上皮细胞中依赖 PI3K 信号通路及 GlyRS 应答氨基酸和激素的外源刺激,通过与靶基因启动子结合,在转录水平调节下游靶基因的表达,正向调控乳合成和细胞增殖。本书进一步丰富和完善了乳合成的分子调控网络,为氨基酸和激素调控乳合成的分子调控机制提供重要的实验依据。

第2章

材料与方法

2.1 实验材料

2.1.1 主要实验试剂

主要实验试剂包括：

优质胎牛血清；

DMEM/F12（12800 – 058）；

Opti – MEM$^©$（1 × ）Reduced Serum Medium；

0.25% Trypsin – EDTA；

TRIzol 试剂；

Lipofectamine$^©$ 2000 试剂；

BODIPY$^©$ 493/503 Lipid Probe；

甲硫氨酸；

β – 雌二醇；

多聚甲醛；

Wortmannin（PI3K 抑制剂）；

雷帕霉素（FRAP/mTOR 抑制剂）；

5 × SDS – PAGE 蛋白上样缓冲液；

Western 及 IP 细胞裂解液；

染色质免疫沉淀检测试剂盒；

DNA 纯化试剂盒；

蛋白酶 K（20 mg/mL）；

PMSF（100 mmol/L）；

抗荧光淬灭剂；

Cytokeratin 18；

Cyclin D1；

SREBP − 1c；

Akt1；

p − Akt1；

S6K1；

p − S6K1；

β − actin；

NFκB1；

IκBα；

p − IκBα；

mTOR；

p − mTOR；

p − NFκB1；

β − casein；

辣根酶标记兔抗山羊 IgG；

辣根酶标记山羊抗小鼠 IgG；

辣根酶标记山羊抗兔 IgG；

Goat Anti − rabbit IgG/Alexa Fluor 488；

Goat Anti − mouse IgG/Alexa Fluor 488；

DNA Gel Extraction Kit；

Endo − free Plasmid Mini Kit；

Reverse Transcriptase M − MLV(RNase H⁻)；

PrimeScript® RT Reagent Kit(Perfect Real Time)；

PrimeSTAR® HS DNA Polymerase with GC Buffer；

PageRuler™ Plus Prestained Protein Ladder；

SYBR® Green Master Mix；

甘油三酯酶法测定试剂盒；

kFluor488 Click − iT EdU 成像检测试剂盒；

Lactose/D − galactose(Rapid) Assay Kit；

TOP10 感受态细胞；

鼠尾胶原蛋白 I 型；

超敏发光液；

siRNA Oligos(NFκB1、GCN2、GlyRS、阴性对照)。

2.1.2　主要实验仪器

主要实验仪器包括：

二氧化碳细胞培养箱；

超净工作台；

倒置相差显微镜(DFC280)；

激光扫描共聚焦显微镜(TCS SP2)；

正置荧光显微镜(DLMB – 2)；

稳压稳流电泳仪(DYY – 5)；

核酸电泳槽；

核酸电泳仪；

iBlot Dry Blotting System；

VE – 186 转移电泳槽；

VE – 180 微型垂直电泳槽；

全自动电热压力蒸汽灭菌锅(CL – 32L)；

空气浴振荡器(HZQ – C)；

PCR 仪；

冷冻离心机；

紫外分光光度计；

电热恒温鼓风干燥箱(DHG – 9076A)；

数控超声波清洗器(KQ – 500DE)；

超声波细胞粉碎机(JY92 – 2D)；

漩涡振荡器(WH – 851)；

恒温金属浴(CHB – 100)；

MiniChemi™迷你型化学发光成像仪；

凝胶成像系统(GDS – 8000);

Applied Biosystems 7300 Real – Time PCR System;

– 80 ℃超低温冰箱(ULT1386 – 3 – V30)。

2.1.3　实验动物与细胞

　　用于原代培养的奶牛乳腺组织取自健康的处于泌乳期的中国荷斯坦牛。奶牛被放血宰杀后,用医用酒精对乳腺组织进行局部消毒,用手术刀切除部分乳腺组织,并用医用酒精冲洗2~3次后,置于预冷的含抗生素的 D – Hank's 缓冲液中。立即返回实验室,于超净工作台中进行原代培养的相关操作。

2.2　奶牛乳腺上皮细胞的原代培养、纯化与鉴定方法

2.2.1　奶牛乳腺上皮细胞的原代培养与纯化方法

2.2.1.1　组织块培养法获取奶牛乳腺上皮细胞

　　组织块培养法的具体操作流程如下:

　　(1)取泌乳期的健康荷斯坦牛乳腺组织,先用75%医用酒精浸泡1 min,再用含10×双抗、5×两性霉素 B 的 D – Hank's 缓冲液浸泡2~3次,直到液体基本澄清为止。

　　(2)将乳腺组织转移到无菌平皿上,并倒入适量 D – Hank's 缓冲液,使组织保持湿润。用手术剪刀先将外层组织剪掉,然后去除结缔组织和脂肪组织,留取实质组织。

（3）取适当大小的组织放入盛有含 10 × 双抗、5 × 两性霉素 B 的 D –
Hank's 缓冲液的小烧杯中，用手术剪刀将其剪成 1 mm³ 的组织块。剪组织
块期间更换 D – Hank's 缓冲液数次，直到液体澄清为止。

（4）用无菌吸管吸取组织块，以适当密度接种于预铺有鼠尾胶原的细胞
培养瓶中。倒置于 37 ℃、5% 二氧化碳培养箱中，静置 3 ~ 4 h。静置完毕后，
在超净工作台中缓慢加入适量含 20% 胎牛血清、10 × 双抗、5 × 两性霉素 B
的培养液，使培养液刚好没过组织块（培养液 3 mL 左右）。

（5）将培养瓶置于培养箱中。隔 1 天更换 1 次培养液，连续培养 1 周
后，在确保无染菌可能的情况下，逐渐降低培养液中双抗和两性霉素 B 的倍
数直至降到正常培养倍数（2 × 双抗，1 × 两性霉素 B）。每天在倒置相差显
微镜下观察并记录组织块周围爬出细胞的情况。

主要试剂的配制：

（1）鼠尾胶原溶液：用 0.006 mol/L 无菌乙酸（345 μL 冰醋酸溶于 1 L 无
菌水中，过滤后备用）将鼠尾胶原原液（5 mg/mL）稀释到 0.012 mg/mL。每
25 cm² 细胞培养瓶加 2.5 mL 鼠尾胶原稀释液，确保鼠尾胶原稀释液铺满培
养瓶瓶底，在超净工作台中放置 1 h 以上，用 PBS 清洗 3 次后可直接使用。

（2）两性霉素 B 溶液：将 25 mg 两性霉素 B 粉末用 10 mL 无菌水稀释至
2.5 mg/mL，过滤分装后避光保存。

（3）细胞冻存液（100 mL）：用 10 mL 无菌水溶解 1.906 4 g HEPES 和
0.02 g 丙酮酸钠，继续加入 70 mL DMEM/F12 和 20 mL DMSO，混匀并过滤
除菌，4 ℃ 避光保存。

2.2.1.2　细胞纯化

利用组织块培养法或胶原酶消化法获得的乳腺上皮细胞会混有成纤维
细胞，因此需要对原代细胞进行纯化，以除去成纤维细胞。当培养瓶底部已
长满细胞后，根据乳腺上皮细胞和成纤维细胞对胰蛋白酶敏感性的不同，对
乳腺上皮细胞进行纯化。细胞纯化的操作流程如下：

（1）细胞清洗：弃培养液，加 D – Hank's 清洗细胞 2 ~ 3 次。加适量含
0.02% EDTA 的胰蛋白酶（用量以刚好覆盖培养瓶底部为宜），立即将细胞转
移至倒置相差显微镜下，观察胰蛋白酶的消化情况。

若采用组织块培养法,在纯化细胞前,用D-Hank's缓冲液将组织块轻轻吹掉。用枪头将培养瓶内液体吸尽后,加胰蛋白酶进行消化。吹掉的组织块可以重新接种于预铺有鼠尾胶原的培养瓶中,重复进行组织块培养。一般可重复利用1~2次。

(2)当成纤维细胞开始收缩变圆时,立刻加入完全培养液终止消化。弃悬浮有成纤维细胞的培养液,用D-Hank's缓冲液小心冲洗细胞2次,洗掉残留的胰蛋白酶和残留的成纤维细胞。

(3)弃D-Hank's缓冲液,加入完全培养液继续培养。若纯化后培养瓶内细胞汇合度较高,可直接进行传代培养;若纯化后细胞汇合度较低(低于50%),则加完全培养液继续培养直到细胞汇合度达到80%以上再进行传代。传代培养的细胞纯化2~3次后,可获得单一的乳腺上皮细胞。纯化后的乳腺上皮细胞经鉴定后,可继续传代用于后续实验或冻存备用。

2.2.1.3 细胞传代

当培养瓶内细胞汇合度达到80%以上时,可进行细胞传代。传代具体操作如下(以25 cm^{2}细胞培养瓶为例):

(1)弃培养液,加5 mL D-Hank's缓冲液清洗细胞2~3次。

(2)吸尽培养瓶内的D-Hank's缓冲液,加0.5~1 mL胰蛋白酶消化液(用量以刚好覆盖培养瓶底部为宜)。若细胞较难消化,则可将培养瓶放入培养箱中。

(3)待大多数细胞脱离瓶底时,立即加入4 mL完全培养液终止消化。

(4)缓慢地反复吹打,将未脱离瓶底的细胞吹打下来。

(5)加入4 mL培养液,混合均匀后,取4 mL细胞悬液转移至一新的培养瓶中。

细胞传代过程中,注意消化时间。消化时间切勿过长,以免对细胞造成损伤。次日观察细胞贴壁情况和细胞密度。传代后的第二天无须换液。

2.2.1.4 细胞冻存

细胞冻存是指以一定的冷冻速度将细胞悬液的温度降至-70 ℃以下,并在液氮中长期保存。在低温条件下,细胞内的生化反应极其缓慢,甚至停止。因此,细胞冻存有利于维持细胞的活性与遗传性状的稳定、减少微生物污染的概率和存储暂不使用的细胞。细胞冻存是细胞培养的关键操作步骤之一。若操作不当,可能引起细胞复苏后贴壁率低、生长状态不佳、增殖速度缓慢,甚至大量死亡。下面具体介绍细胞冻存的一般过程及注意事项。

(1)细胞清洗:弃培养液,用 D – Hank's 缓冲液清洗细胞 2~3 次。清洗过程中,可用 D – Hank's 缓冲液轻轻吹打,将附着在培养瓶底部的死细胞(或者尚未死亡但贴壁不牢的细胞)及杂质吹打下来(吹打过程中,枪头切勿触碰培养瓶底部,否则会把细胞刮下来)。

注:清洗的主要目的是去除培养瓶中残留的含有血清的细胞培养液(血清影响胰蛋白酶的消化作用)。清洗之后,将残留液体用枪头尽量吸干净。

(2)细胞消化:加 1 mL 胰蛋白酶消化液(以 25 cm^2 培养瓶为例)。注意:①胰蛋白酶以刚好覆盖培养瓶底部为宜。②消化时间不宜过长,避免消化液对细胞造成损伤。③消化过程中,随时在显微镜下观察细胞消化情况。④若细胞较难消化,可将培养瓶放入 37 ℃培养箱中,提高胰蛋白酶的消化速率。⑤消化过程中可轻拍培养瓶底部,使细胞尽快脱离培养瓶瓶底,但切勿用力拍打。

(3)终止消化:待大多数细胞从培养瓶底部脱离下来,立即加入含血清的细胞培养液终止消化。

(4)将细胞悬液离心,收集细胞沉淀:1 500 g 离心 6 min,获得细胞沉淀(离心时,转速不宜过高,否则会对细胞造成损伤)。

(5)弃上清液:用枪头轻轻地缓慢吸去培养液(若吸力过大,沉淀表面的细胞容易被枪头吸走,造成损失),枪头切勿触碰细胞沉淀。

(6)加 900 μL 血清重悬细胞沉淀。

(7)缓慢地逐滴加入 900 μL(与血清等体积)细胞冻存液(4 ℃预冷),最后用枪头轻轻混匀。若同时冻存很多瓶细胞,可分批操作至步骤(6),最后再统一加入冻存液(冻存液含 DMSO,操作时不要与皮肤直接接触)。

(8)将冻存日期、细胞代数和名称等信息标注在冻存管管壁上,然后将冻存管转移到预铺有棉花的泡沫盒中,确保冻存管处于直立状态(防止管内液体与冻存管管帽内壁接触)。将泡沫盒用胶带密封好,确保不漏气(此步骤能确保冻存管温度稳定下降)。

(9)将泡沫盒直接置于 $-80\ ℃$ 冰箱中,次日将冻存管转移至液氮罐中长期保存。

上述冻存方法使用的是 2 mL 冻存管,细胞悬液的终体积为 1.8 mL,确保细胞悬液液面不接触冻存管管帽的内壁,避免污染。

冻存细胞的方法有很多种,不同方法之间存在略微差别。上述冻存方法是笔者在细胞培养期间一直采用的方法,效果很稳定,细胞复苏后贴壁率较高,且细胞增殖速度很快。

2.2.1.5 细胞复苏

细胞复苏是指以一定的复温速度将冻存管中处于冷冻状态的细胞悬液迅速恢复至常温。当恢复至常温状态时,细胞形态结构和生理生化反应即可恢复正常。细胞复苏的操作流程如下:

(1)将冻存管从液氮中取出,迅速置于 $40\ ℃$ 水浴锅中。水浴期间,小幅度摇晃冻存管,使其快速融化。

(2)待管内冻存液融化后,用酒精棉擦拭冻存管管壁以降低污染概率,然后迅速转移至超净工作台中。

(3)将冻存液内容物转移至离心管中(离心管预先加入 5 mL 培养液),用枪头轻轻混匀以清洗细胞。

(4)1 500 g 离心 6 min,收集细胞沉淀。

(5)弃上清液,用 5 mL 新鲜培养液重悬细胞沉淀。充分混匀后,转移至细胞培养瓶中。

(6)次日观察细胞贴壁情况,并更换培养液(细胞换液是细胞复苏之后的必要操作步骤)。

细胞复苏后,若贴壁率较低,说明冻存操作可能出现问题,或冻存时细胞生长状态欠佳,也可能是冻存液出现问题。若细胞贴壁率较高,隔天即可进行细胞传代。

2.2.2 奶牛乳腺上皮细胞的鉴定方法

采用免疫荧光染色法检测纯化后的奶牛乳腺上皮细胞中角蛋白18(cytokeratin 18,CK18)和 β-酪蛋白(β-casein)的特异性表达。具体方法如下：

　　将纯化后的奶牛乳腺上皮细胞以适当的密度接种于预铺有灭菌盖玻片的六孔细胞培养板中,待细胞汇合度达到80%以上时,弃培养液,用预冷的D-Hank's缓冲液清洗细胞3次。每孔加1 mL预冷甲醇,将六孔细胞培养板置于4 ℃冰箱中固定10 min。弃甲醇,用含1% Triton X-100的TBS清洗细胞3次,每次5 min。每孔加1 mL含5% BSA、1% Triton X-100的TBS,置于37 ℃摇床中缓慢摇动,封闭1.5 h。弃封闭液,加封闭液稀释的一抗(CK18,鼠,按1∶200的比例稀释;β-casein,兔,按1∶500的比例稀释),4 ℃脱色摇床缓慢摇动,孵育过夜。次日,弃一抗,用含1% Triton X-100的TBS清洗细胞3次,每次5 min。加封闭液稀释的二抗(Goat Anti-mouse IgG/Alexa Fluor 488或Goat Anti-rabbit IgG/Alexa Fluor 488,按1∶200的比例稀释),置于37 ℃摇床中缓慢摇动,避光孵育1 h。弃二抗,清洗细胞3次,每次5 min。加封闭液稀释的DAPI(按1∶500的比例稀释),对细胞核进行染色。37 ℃缓慢摇动,避光孵育15 min。弃染色液,清洗细胞3次,每次5 min。在洁净的载玻片上滴1滴抗荧光淬灭剂,将六孔细胞培养板中的盖玻片倒扣于载玻片上。在激光扫描共聚焦显微镜下观察CK18的特异性表达。

2.3 添加甲硫氨酸、雌激素后 NFκB1 的表达与定位的检测方法

2.3.1 添加甲硫氨酸、雌激素对奶牛乳腺上皮细胞乳合成的影响的检测方法

2.3.1.1 qRT – PCR 检测

实验分为空白对照组、甲硫氨酸处理组和雌激素处理组。将奶牛乳腺上皮细胞以适当的密度接种于六孔细胞培养板中,待细胞汇合度达60%时,甲硫氨酸处理组和雌激素处理组分别更换含 0.6 mmol/L 甲硫氨酸和 2.72×10^{-2} μg/L 的无血清培养液,空白对照组更换无任何添加的 DMEM/F12。继续培养24 h 后,收集细胞,提取 RNA 并反转录成 cDNA。qRT – PCR 检测3组样品中乳合成相关基因的表达。

(1)TRIzol 法提取细胞的总 RNA

RNA 样品的收集:用甲硫氨酸、雌激素处理24 h 后,弃培养液,用预冷的 PBS 洗涤细胞3次后,每孔加 1 mL TRIzol 试剂。4 ℃静置 5 min 后,用枪头反复刮擦六孔细胞培养板底部,使细胞充分裂解,然后将 TRIzol 试剂转移至预冷的 1.5 mL 离心管中(收集样品和 RNA 提取过程中使用的枪头及离心管均无 RNase)。若不立即提取 RNA,样品可于 –80 ℃保存。

按如下操作进行 RNA 提取:

加 200 μL 氯仿,剧烈振荡 15 s 后,置于冰盒上静置 5 min

↓

4 ℃,12 000 r/min 离心 10 min;小心吸取上清液,转移至新的

预冷的 1.5 mL 离心管中

↓

加等体积异丙醇(400~500 μL),轻轻地上下颠倒混匀后,
置于冰盒上静置 10 min

↓

4 ℃,12 000 r/min 离心 10 min,弃上清液

↓

加 75% 乙醇 1 mL,将沉淀轻轻吹起,4 ℃,7 500 r/min 离心 10 min

↓

弃上清液,将离心管倒扣,静置 5~10 min,使乙醇挥发

↓

加 30 μL DEPC 水溶解沉淀;用琼脂糖凝胶电泳检测 RNA 的质量,
并用紫外分光光度计测定其浓度

(2)RNA 反转录为 cDNA

利用 PrimeScript® RT Reagent Kit(Perfect Real Time)将细胞总 RNA 反转录成 cDNA。按下列组分(表2-1)配制 RT 反应液(在冰上操作,使用的枪头及离心管均无 RNase)。

表2-1　反转录反应体系

试剂	使用量	终浓度
5 × PrimeScript® Buffer	2 μL	1 ×
PrimeScript® RT Enzyme Mix Ⅰ	0.5 μL	—
Oligo dT Primer(50 μmol/L)	0.5 μL	25 pmol/L
Random 6 mer(100 μmol/L)	0.5 μL	50 pmol/L
总 RNA	—	—
RNase Free dH$_2$O	至 10 μL	—

反转录反应条件:37 ℃ 15 min,85 ℃ 5 s。反应后的 cDNA 保存于 -20 ℃,备用。

(3) qRT - PCR

将得到的 cDNA 加入 real - time PCR 反应体系中。利用 AceQ® qPCR SYBR® Green Master Mix 试剂盒进行 qRT - PCR。使用的 real - time PCR 仪型号为 Applied Biosystems 7500。反应体系见表 2 - 2,反应程序见表 2 - 3,qRT - PCR 相关引物见表 2 - 4。

表 2 - 2　qRT - PCR 反应体系

试剂	使用量	终浓度
AceQ®qPCR SYBR®Green Master Mix	10 μL	—
Primer 1(10 μmol/L)	0.4 μL	0.2 μmol/L
Primer 2(10 μmol/L)	0.4 μL	0.2 μmol/L
ROX Reference Dye	0.4 μL	—
模板 DNA	2.0 μL	—
灭菌蒸馏水	至 20 μL	—

表2-3 qRT-PCR 反应程序

阶段	循环数	温度/℃	时间
预变性	1	95	5 min
循环反应	40	95	10 s
		60	30 s
熔解曲线	1	95	15 s
		60	60 s
		95	15 s

表2-4 qRT-PCR 相关引物

基因名称	引物序列
$NF\kappa B1$	Sense：5′ - CCGTAGGAGTAAAGGAAGAGAAC - 3′ Antisense：5′ - CTGATTATGAAGGTGGATGATTGC - 3′
$I\kappa B\alpha$	Sense：5′ - ATGAAGGACGAGGAGTATGAGC - 3′ Antisense：5′ - CCTTGAGTGCCTCTAGGAAACCC - 3′
$mTOR$	Sense：5′ - TGCCTTCACAGATACCCAG - 3′ Antisense：5′ - TCAGACCTCACAGCCAC - 3′
$\beta - casein$	Sense：5′ - GTACCTGGTGAGATTGTGG - 3′ Antisense：5′ - CTGTTTGCTGCTGTTCCT - 3′
$\beta 4GalT2$	Sense：5′ - CGCTACTGGCTCCACTACCTGC - 3′ Antisense：5′ - CCTTGAGTGCCTCTAGGAAACCC - 3′
$Cyclin\ D1$	Sense：5′ - CCAACGGCTTCCTCTCCTATC - 3′ Antisense：5′ - CCTCCTCCTCCTCCTCTTCC - 3′
$\beta - actin$	Sense：5′ - AAGGACCTCTACGCCAACACG - 3′ Antisense：5′ - TTTGCGGTGGACGATGGAG - 3′

2.3.1.2 Western – blotting 检测

实验分为空白对照组、甲硫氨酸处理组和雌激素处理组。将奶牛乳腺上皮细胞以适当的密度接种于六孔细胞培养板中,待细胞汇合度达60%时,甲硫氨酸处理组和雌激素处理组分别更换含 0.6 mmol/L 甲硫氨酸和 2.72×10^{-2} μg/L 雌激素的无血清培养液,空白对照组更换无任何添加的 DMEM/F12。继续培养24 h 后,收集细胞,制备蛋白样品。方法如下:

用预冷的 D – Hank's 缓冲液清洗细胞 3 次,加适量细胞裂解液裂解细胞(细胞裂解液用量视细胞汇合度而定,六孔细胞培养板每孔加 200 μL 细胞裂解液已足够),4 ℃裂解 10 min;加 5×SDS 上样缓冲液,使其终浓度变为 1×;用枪头反复刮擦六孔细胞培养板底部,使细胞充分裂解;将细胞裂解液转移至 0.5 mL 离心管中,沸水浴 10 min;超声破碎 3 次,每次 15 s;样品保存于 -20 ℃,备用。

样品进行聚丙烯酰胺凝胶电泳。具体方法如下:

(1)分离胶与浓缩胶的制备

将玻璃板组装完毕后,按照表 2 – 5 的配方配制分离胶。

表 2 – 5 分离胶的配方

各组分名称	不同体积溶液中各成分所需体积/mL			
	10 mL	20 mL	30 mL	40 mL
H_2O	4.0	7.9	11.9	15.9
30% 丙烯酰胺溶液	3.3	6.7	10.0	13.3
1.5 mol/L Tris – HCl(pH 值为 8.8)	2.5	5.0	7.5	10.0
10% SDS	0.1	0.2	0.3	0.4
10% 过硫酸铵	0.1	0.2	0.3	0.4
TEMED	0.004	0.008	0.012	0.016

依次加入各组分并轻轻混匀,立刻将混合液灌入玻璃板。小心加入去离子水将分离胶液封,1 h 后待分离胶凝固,将去离子水倒掉。用滤纸吸掉玻璃板内侧多余水分,将齿梳轻轻插入,然后按照表 2 - 6 的配方配制浓缩胶。

表 2 - 6　浓缩胶的配方

各组分名称	不同体积溶液中各成分所需体积/mL			
	4 mL	6 mL	8 mL	10 mL
H_2O	2.7	4.1	5.5	6.8
30%丙烯酰胺溶液	0.67	1.00	1.30	1.70
1.5 mol/L Tris – HCl(pH 值为 6.8)	0.50	0.75	1.00	1.25
10% SDS	0.04	0.06	0.08	0.10
10% 过硫酸铵	0.04	0.06	0.08	0.10
TEMED	0.004	0.006	0.008	0.010

依次加入各组分并轻轻混匀,立刻将混合液灌入玻璃板。30 min 后,待浓缩胶凝固,将齿梳小心拔出,用去离子水将点样孔小心冲洗干净,去除未聚合的丙烯酰胺。将玻璃板组装到电泳槽上,准备电泳。

（2）Western – blotting 具体流程

在电泳槽下方倒入电泳液,将玻璃板固定到电泳槽上,
避免玻璃板下方与电泳槽底部之间产生气泡

↓

在电泳槽上方倒入电泳液,使电泳液没过点样孔。用注射器抽取
电泳液,小心冲洗点样孔。然后按顺序依次将蛋白 Marker(每孔 5 μL)、
样品(每孔 30 μL)加入点样孔(点样量可根据曝光结果做相应调整)

↓

将电泳仪设置为恒压 80 V,启动程序,开始电泳。
待溴酚蓝指示剂电泳到浓缩胶和分离胶交界处时,将电压调至 120 V,
继续电泳,直到溴酚蓝指示剂电泳到分离胶底部

↓

电泳完毕后,关闭电源,拆掉玻璃板,将凝胶取出,准备湿转。
按顺序将外层海绵、滤纸、NC 膜、凝胶、滤纸、外层海绵摆放好
(外层海绵、NC 膜预先用转膜缓冲液浸润,避免 NC 膜和凝胶之间产生气
泡),之后用样品夹板固定并插入转移槽电极架中(插入湿转槽后的样品
夹板的黑色面与转移槽电极架的黑色面方向一致,切勿弄反)

↓

组装完毕后,加入预冷的转移缓冲液。将电泳仪设置为恒压 75 V,
启动程序,电流大小在 150 mA 左右(湿转过程中,电流会缓慢升高)

↓

1.5~2 h(根据目的蛋白分子质量的大小调整转膜时间)后,湿转完毕
(转移缓冲液可重复利用 1 次)。将 NC 膜用丽春红染色 1~2 min,
用去离子水冲洗 2 次后,可清晰地看到 NC 膜上被丽春红染成
红色的蛋白条带

↓

根据蛋白 Marker 的指示,按照目的蛋白的大小,
将 NC 膜剪成适当大小的条带

↓

用 TBST 将条带上的丽春红清洗干净,
然后将条带放入装有 5% 脱脂乳封闭液的
自封袋中,37 ℃摇床孵育 1.5 h

↓

将蛋白条带转移至一抗稀释液中,4 ℃摇床孵育过夜

↓

将蛋白条带用 TBST 清洗 3 次,每次 5 min。然后将蛋白条带
转移至二抗稀释液中,37 ℃摇床孵育 1 h

↓

将蛋白条带用 TBST 清洗 3 次,每次 5 min,清洗后等待曝光

↓

将蛋白条带放入化学发光隔板上,并将隔板插入机箱中。
点击样品选择菜单中的化学发光样品选项

↓

在主设置界面中选择积分拍摄模式及相应的图像张数
和拍摄时间间隔(不同蛋白的曝光时间略有差异,建议不同蛋白
分开曝光),选择灵敏度(默认推荐高灵敏度)和分辨率,
并设定图像质量,图像将自动保存成多帧图片。
开启 Marker 合并模式,设定保存位置和文件格式

↓

曝光完毕后,对 Western - blotting 结果进行灰度分析

2.3.1.3 添加甲硫氨酸、雌激素对奶牛乳腺上皮细胞乳脂分泌的影响的检测方法

实验分为空白对照组、甲硫氨酸处理组和雌激素处理组。细胞处理方法同 2.3.1.2。甲硫氨酸、雌激素处理 48 h 后,收集六孔细胞培养板的细胞培养液,利用甘油三酯酶法测定试剂盒检测培养液中三酰甘油(又称甘油三酯)含量。由于三酯甘油会自发水解,待测样本收集后立即检测或保存于 -80 ℃冰箱中(保存时间不要超过 1 个月),检测方法如下:

(1)标准品的稀释:用与样品缓冲液一致的液体(DMEM/F12),将浓度为 4 mmol/L 的三酰甘油标准品依次稀释为 1 000 μmol/L,500 μmol/L,250 μmol/L,125 μmol/L,62.5 μmol/L,31.25 μmol/L,15.625 μmol/L,7.812 5 μmol/L(对照反应管浓度为 0 μmol/L),取其中 4~6 管。

(2)工作液的配制:按 4:1 的比例,取 4 mL 试剂 R1 和 1 mL 试剂 R2,混匀后立即使用。

(3)加样比例见表 2-7。可按照实际情况,适当增加或减少样品的加入量,同时调整工作液的体积。

表2-7　加样比例

项目	96孔细胞培养板测定			1 mL比色杯测定		
	空白管	标准品	样品	空白管	标准品	样品
纯化水/μL	10	—	—	210	190	190
标准品/μL	—	10	—	—	20	—
样品/μL	—	—	10	10	—	20
工作液/μL	190	190	190	590	590	590

(4)37 ℃反应10 min,于1 h内用酶标仪在550 nm波长下测定96孔细胞培养板每孔待测溶液的吸光度。

(5)绘制标准曲线并计算样品三酰甘油浓度。

2.3.1.4　添加甲硫氨酸、雌激素对奶牛乳腺上皮细胞乳糖分泌的影响的检测方法

实验分为空白对照组、甲硫氨酸处理组和雌激素处理组。细胞处理方法同上,48 h后收集六孔细胞培养板中的培养液。利用Lactose/D - galactose(Rapid) Assay Kit检测样品中乳糖含量。具体操作步骤如下:

(1)相关试剂的准备:将瓶1中的固体粉末用24 mL去离子水溶解,用此溶液稀释瓶4中的溶液,稀释后的溶液为溶液4,适量分装后于-20 ℃保存;将瓶3中的固体粉末用12 mL去离子水溶解,溶解后适量分装,-20 ℃保存,避免反复冻融;瓶2、5、6于4 ℃保存,瓶5使用前要摇动瓶身,移除胶塞上残留的药品。

(2)按照表2-8分别对待测样品进行乳糖和半乳糖的测定。

表2-8　样品中乳糖和半乳糖的测定

项目	乳糖		半乳糖	
	空白组	样品组	空白组	样品组
样品溶液/mL	—	0.2	—	0.2
溶液4/mL	0.2	0.2	—	—

* 轻轻混匀,将比色杯盖上盖子,25 ℃孵育2 h,继续添加如下试剂:

去离子水(25 ℃)/mL	2.20	2.00	2.40	2.20
溶液2(Buffer)/mL	0.20	0.20	0.20	0.20
溶液3(NAD⁺)/mL	0.10	0.10	0.10	0.10

* 上下颠倒混匀,孵育3 min后测定吸光度(A_1),继续添加如下试剂:

溶液5(β-GalDH/GalM)/mL	0.02	0.02	0.02	0.02

* 上下颠倒混匀,在反应结束后(<5 min)测定吸光度(A_2)。若读数不稳定,说明反应未停止,每隔1 min读数1次,直到吸光度稳定

(3)按如下公式计算乳糖浓度:

$$\Delta A_{乳糖+半乳糖} = (A_2 - A_1)_{乳糖} - (A_2 - A_1)_{乳糖空白}$$

$$\Delta A_{乳糖} = \Delta A_{乳糖+半乳糖} - \Delta A_{半乳糖}$$

$$C_{乳糖} = 0.738\ 9 \times \Delta A_{乳糖}$$

2.3.1.5 添加甲硫氨酸、雌激素对奶牛乳腺上皮细胞增殖的影响的检测方法

实验分为空白对照组、甲硫氨酸处理组和雌激素处理组。细胞以适当的密度接种于预铺有无菌盖玻片的六孔细胞培养板中。细胞处理方法同上。24 h 后,应用 kFluor488 Click – iT EdU 成像检测试剂盒检测添加甲硫氨酸、雌激素对牛乳腺上皮细胞增殖的影响。具体操作如下:

(1)EdU 标记细胞

用完全培养液稀释 10 mmol/L EdU 储液至适宜的工作浓度(30 μmol/L);在六孔细胞培养板的每孔中加 500 μL EdU 工作液,37 ℃孵育 2 h(EdU 工作液使用前需要预热至 37 ℃)。

(2)细胞固定及促渗

孵育完成后,弃 EdU 工作液,每孔加 1 mL 甲醇,室温孵育 15 min;弃固定液,每孔加含 3% BSA 的 1 mL PBS 溶液洗涤细胞 2 次;弃洗涤液,每孔加 1 mL 含 0.5% Triton X – 100 的 PBS 溶液,室温孵育 20 min。按照表 2 – 9 制备 Click – iT 反应混合物。

表 2 – 9　Click – iT 反应混合物的制备

反应组分	爬片数目			
	1	2	3	4
1 × Click – iT EdU 反应缓冲液	430 μL	860 μL	1.29 mL	1.8 mL
CuSO$_4$	20 μL	40 μL	60 μL	80 μL
kFluor488 – azide	1.5 μL	3 μL	4.5 μL	6 μL
1 × Click – iT EdU 缓冲液添加物	50 μL	100 μL	150 μL	200 μL

(3)EdU 检测

弃促渗液,每孔加含 3% BSA 的 PBS 溶液 1 mL 洗涤细胞 2 次;弃洗涤液,每孔加 500 μL Click – iT 反应混合物,轻轻摇晃六孔细胞培养板以确保反应混合物均匀覆盖细胞爬片;室温避光孵育 30 min;弃反应混合物,每孔加含 3% BSA 的 PBS 溶液 1 mL 洗涤细胞 2 次。

(4)DNA 复染

弃洗涤液,每孔加 1 mL PBS 溶液洗涤细胞 1 次,去除残留的洗涤液;每孔加 1 × Hoechst 33342 溶液 1 mL,室温避光孵育 15 min;PBS 溶液洗涤细胞 2 次后,将样品置于激光扫描共聚焦显微镜下,观察细胞增殖情况(kFluor 488 – azide 的激发波长为 495 nm,发射波长为 520 nm;Hoechst 33342 的激发波长为 350 nm,发射波长为 461 nm)。

2.3.2　添加甲硫氨酸、雌激素后 NFκB1 的表达与定位的检测

实验分为空白对照组、甲硫氨酸处理组和雌激素处理组(E)。细胞处理方法同 2.3.1.2。免疫荧光细胞样品的制作方法同 2.2.2。一抗分别为 NFκB1(兔)、p – NFκB1(兔),二抗均为 Goat Anti – rabbit IgG/Alexa Fluor 488。样品制备完毕后,在激光扫描共聚焦显微镜下观察 NFκB1、p – NFκB1 的亚细胞定位。

2.4 NFκB1 基因过表达对奶牛乳腺上皮细胞乳合成及细胞增殖的影响的检测

2.4.1 NFκB1 基因过表达载体的构建

(1)细胞总 RNA 的提取方法同 2.3.1.1。

(2)RNA 反转录为 cDNA：在 0.2 mL 的离心管中按照表 2 - 10 配制反应混合液；置于 70 ℃金属浴中保温 10 min 后迅速置于冰盒中冰浴 2 min 以上；瞬离数秒后，按照表 2 - 11 配制反转录反应体系。

表 2 - 10　模板/引物反应混合液成分

试剂	使用量
模板 RNA	1 ng ～ 1 μg
Oligo(dT)12 - 18 Primer(50 μmol/L)	1 μL
无 RNase 的 dH₂O	至 6 μL

表 2 - 11　反转录反应体系

试剂	使用量
上述模板 RNA/引物变性溶液	6 μL
5 × M - MLV Buffer	2 μL
dNTP 混合物(各 10 mmol/L)	0.5 μL
RNase 抑制剂(40 U/μL)	0.25 μL
M - MLV 反转录酶(RNase H⁻)(200 U/μL)	0.25 ~ 1 μL
无 RNase 的 dH₂O	至 10 μL

42 ℃保温 1 h;70 ℃保温 15 min 后在冰上冷却。所获得的 cDNA 可直接用于后续 PCR 或置于 - 20 ℃备用。

(3)PCR 反应。

在 NCBI 上查找种属为牛(*Bos taurus*)的 *NFκB*1 基因序列,按照引物设计的基本要求,利用 Primer Primer 5.0 软件设计用于扩增 *NFκB*1 基因全长的引物。其上游引物:5′ - CGGAATTCATGGCAGAAGACGACCCGTATTT - 3′(下划线为酶切位点 *Eco*R Ⅰ),下游引物:5′ - ACGCGTCGACAATTTTGCCT-TCTATAGGTCCTTCC - 3′(下划线为酶切位点 *Sal* Ⅰ)。

PCR 反应体系(25 μL)见表 2 - 12。

表 2-12 PCR 反应体系

试剂	使用量/μL
模板（cDNA）	1
dNTP 混合物（2.5 mmol/L）	2
PrimeSTAR® HS DNA 聚合酶（2.5 U/μL）	0.25
上游引物（10 μmol/L）	1
下游引物（10 μmol/L）	1
5 × PrimeSTAR® Buffer	5
ddH$_2$O	14.25

PCR 反应程序如下：

$$
\begin{array}{lll}
98\ ℃ & 3\ \text{min} & \\
98\ ℃ & 10\ \text{s} & \left.\begin{array}{l} \\ \\ \\ \end{array}\right\} 30\ 个循环 \\
T_\text{m} & 10\ \text{s} & \\
72\ ℃ & 2.9\ \text{min} & \\
72\ ℃ & 10\ \text{min} & \\
4\ ℃ & \infty & \\
\end{array}
$$

PCR 扩增完毕后，琼脂糖凝胶电泳检测扩增产物的大小是否与预期结果一致。若一致，则利用胶回收试剂盒将目的片段回收。用 *EcoR* Ⅰ和 *Sal* Ⅰ分别对回收的目的片段和真核表达载体 pGCMV – IRES – EGFP 进行双酶切，将双酶切体系放入 37 ℃水浴 2~3 h，酶切产物先进行琼脂糖凝胶电泳，然后利用胶回收试剂盒进行回收。双酶切体系如下：

$$\begin{cases} \text{目的片段/空载体：16 μL} \\ \textit{EcoR} \text{ I：1 μL} \\ \textit{Sal} \text{ I：1 μL} \\ 10 \times \text{H Buffer：2 μL} \end{cases}$$

（4）连接。

利用 T4 DNA 连接酶将回收的目的片段与空载体进行连接，将连接体系放入 16 ℃金属浴中连接过夜。连接体系如下：

$$\begin{cases} \text{目的片段：6.5 μL} \\ \text{空载体：2 μL} \\ \text{T4 DNA 连接酶：0.5 μL} \\ 10 \times \text{T4 DNA 连接酶 Buffer：1 μL} \end{cases}$$

（5）转化。

将连接产物转入 TOP10 感受态细胞中。将感受态细胞置于冰浴中融化，向 50 μL 感受态细胞中加入 5 μL 连接产物，用枪轻轻吹匀后冰浴 30 min，42 ℃水浴 90 s。冰浴 5 min 后加 450 μL LB 液体培养基，用枪轻轻吹匀后置于 37 ℃摇床中，150 r/min 摇 1.5 h。3 000 g 离心 10 min，弃上清液，剩余上清液与沉淀用枪轻轻吹匀后涂布于 LB 固体培养基上，37 ℃恒温培养箱培养。在超净工作台中挑取 LB 固体平板中的单菌落，摇菌后提取质粒进行双酶切验证并测序。若测序正确，将菌液一部分大量扩增后提取质粒，备用，剩余菌液冻存并保存于 −80 ℃。

（6）去内毒素质粒的提取。

由于用常规质粒提取试剂盒提取的质粒具有内毒素，若直接用于细胞转染，不利于细胞的生长，甚至会引起细胞死亡。去内毒素质粒提取试剂盒提取的质粒用于细胞转染不仅会消除内毒素对细胞生长造成的影响，而且质粒浓度较高，有助于提高转染效率。去内毒素质粒提取过程如下：

①向含 50 μg/mL 抗生素的 LB 液体培养基中接种，37 ℃摇床振荡 12 ~ 16 h。

②将菌液转移至 10 mL 离心管中,室温 10 000 g 离心 1 min。

③弃上清液,加 250 μL 含 RNase A 的 Solution Ⅰ,重悬沉淀。

④加 125 μL Solution Ⅱ,上下颠倒 4～6 次,使其轻轻混匀,获得清澈的裂解液,室温孵育 2 min。

⑤加 125 μL 冰浴的 Buffer N3,轻轻地上下颠倒使其混匀,直到有白色絮状物产生,然后 12 000 g 离心 10 min。

⑥小心吸取上清液,将其转移到干净的 1.5 mL 离心管中,加入 1/10 体积的 ETR Solution,上下颠倒 7～10 次,冰上孵育 10 min。孵育期间,颠倒离心管数次。

⑦42 ℃ 孵育 5 min,上清液再次变混浊,12 000 g 离心 3 min。

⑧将上层水相转移至新的 1.5 mL 离心管中,加 1/2 体积的无水乙醇,上下颠倒 6～7 次,使其轻轻混匀,室温孵育 1～2 min。

⑨将 700 μL 混合物转移至干净的放置在 2 mL 收集管上的 HiBind™ DNA Mini Column 中,10 000 g 离心 1 min。

⑩弃滤液,将剩余的混合物转移至柱中,室温 10 000 g 离心 1 min,弃滤液。

⑪用 500 μL Buffer HB 洗涤 Column,室温 1 000 g 离心 1 min,此步骤要确保杂蛋白被洗脱干净。

⑫弃滤液,加 700 μL DNA Wash Buffer 洗涤柱子,室温 1 000 g 离心 1 min,弃滤液。

⑬重复步骤⑫一次。

⑭弃滤液,最大转数(13 000 g)空离柱子 2 min。

⑮将柱子放在新的干净的 1.5 mL 离心管中,加 30 ～ 50 μL 无内毒素 Elution Buffer,13 000 g 离心 1 min,洗脱 DNA。

2.4.2 *NFκB*1 基因过表达载体的转染

实验分为空白对照组、转空载体组和过表达组。转染前 1 d 将奶牛乳腺上皮细胞以适当的密度接种于六孔细胞培养板中,使细胞汇合度在 24 h 内达到 80% 左右。利用 Lipofectamine 2000 进行转染。转染操作流程如下:

　　将 10 μL Lipofectamine 2000 和 2.5 μg 质粒分别用 250 μL Opti – MEM Ⅰ稀释,室温孵育 5 min 后将稀释的 Lipofectamine 2000 和质粒混合,用枪轻轻吹匀后,室温静置 20 min,以便形成 Lipofectamin – DNA 复合物。静置期间,将待转染的细胞用无抗生素的 D – Hank's 缓冲液清洗 2 次,向六孔细胞培养板每孔加入 1.5 mL Opti – MEM Ⅰ。20 min 后,将脂质体 – 质粒混合物加入六孔细胞培养板中,轻轻摇晃,使其分布均匀;将六孔细胞培养板置于 37 ℃、5% 二氧化碳细胞培养箱中,5~6 h 后更换无抗生素含血清的培养液,继续培养 24 h 或 48 h 进行 qRT – PCR 或 Western – blotting 的检测。可根据实验的不同按照表2 – 13对转染试剂和 DNA 的用量进行相应调整。

表 2 – 13　不同转染实验中转染试剂的用量

细胞培养用品	DNA	培养基最终体积	Lipofectamine 2000
96 孔细胞培养板	0.1 μg	100 μL	0.5 μL
24 孔细胞培养板	0.5 μg	500 μL	2 μL
12 孔细胞培养板	1.0 μg	1 mL	4 μL
6 孔细胞培养板	2.5 μg	2 mL	10 μL
35 mm 平皿	4.0 μg	3 mL	15 μL
60 mm 平皿	8.0 μg	5 mL	20 μL

2.4.3　$NF\kappa B1$ 基因过表达对奶牛乳腺上皮细胞乳合成的影响的检测

2.4.3.1　qRT－PCR 检测 $NF\kappa B1$ 基因过表达后乳合成相关信号分子 mRNA 表达变化

实验分为空白对照组、转空载体组和过表达组。细胞转染后继续培养 24 h,收集细胞,提取细胞的总 RNA,并反转录成 cDNA。荧光定量检测 $NF\kappa B1$ 基因过表达后乳合成相关信号分子在 mRNA 水平的表达变化。具体操作步骤同 2.3.1.1。相关基因的荧光定量引物见表 2－14。

表 2 – 14 qRT – PCR 引物

基因名称	引物序列
NFκB1	Sense：5′ – CCGTAGGAGTAAAGGAAGAGAAC – 3′ Antisense：5′ – CTGATTATGAAGGTGGATGATTGC – 3′
IκBα	Sense：5′ – ATGAAGGACGAGGAGTATGAGC – 3′ Antisense：5′ – CCTTGAGTGCCTCTAGGAAACCC – 3′
mTOR	Sense：5′ – TGCCTTCACAGATACCCAG – 3′ Antisense：5′ – TCAGACCTCACAGCCAC – 3′
SREBP – 1c	Sense：5′ – CAGTAGCAGCGGTGGAAGTG – 3′ Antisense：5′ – GAGAGACAGAGGAAGACGAGTG – 3′
β – casein	Sense：5′ – GTACCTGGTGAGATTGTGG – 3′ Antisense：5′ – CTGTTTGCTGCTGTTCCT – 3′
β4GalT2	Sense：5′ – CGCTACTGGCTCCACTACCTGC – 3′ Antisense：5′ – CCTTGAGTGCCTCTAGGAAACCC – 3′
Cyclin D1	Sense：5′ – CCAACGGCTTCCTCTCCTATC – 3′ Antisense：5′ – CCTCCTCCTCCTCCTCTTCC – 3′
β – actin	Sense：5′ – AAGGACCTCTACGCCAACACG – 3′ Antisense：5′ – TTTGCGGTGGACGATGGAG – 3′

2.4.3.2 Western – blotting 检测 *NFκB1* 基因过表达后乳合成相关信号分子蛋白表达变化

实验分为空白对照组、转空载体组和过表达组。转染后继续培养 48 h，收集细胞样品，Western – blotting 检测 NFκB1、p – NFκB1、IκBα、p – IκBα、mTOR、p – mTOR、SREBP – 1c、β – casein、β – actin 蛋白的表达。操作方法同

2.3.1.2。

2.4.3.3 *NFκB*1 基因过表达对奶牛乳腺上皮细胞乳脂分泌的影响的检测

实验分为空白对照组、转空载体组和过表达组。细胞转染后继续培养48 h,收集培养液,利用甘油三酯酶法测定试剂盒检测培养液中三酰甘油含量。操作方法同2.3.1.3。

2.4.3.4 *NFκB*1 基因过表达对奶牛乳腺上皮细胞乳糖分泌的影响的检测

实验分为空白对照组、转空载体组和过表达组。细胞转染后继续培养48 h,收集培养液,利用 Lactose/D – galactose(Rapid)Assay Kit 检测样品中乳糖的含量。操作方法同2.3.1.4。

2.4.4 *NFκB*1 基因过表达对奶牛乳腺上皮细胞增殖的影响的检测

实验分为空白对照组、转空载体组和过表达组。细胞以适当的密度接种于预铺有无菌盖玻片的六孔细胞培养板中。细胞转染后继续培养 24 h,应用 kFluor488 Click – iT EdU 成像检测试剂盒检测 *NFκB*1 基因过表达对奶牛乳腺上皮细胞细胞增殖的影响,具体操作方法同2.3.1.5。

2.5 *NFκB*1 基因抑制对奶牛乳腺上皮细胞乳合成和细胞增殖的影响的检测

2.5.1 *NFκB*1 最佳干扰片段及其最佳干扰时间的筛选

实验分为空白对照组、阴性对照组和干扰组。每条干扰片段分别转染 12 h、24 h、36 h 和 48 h 后收集细胞样品。干扰片段序列信息见表 2 – 15。

表 2 – 15　干扰片段的序列信息

片段名称	序列
NFκB1 – siRNA – 1	Sense：5′ – GCCACUACCAACAGCAGAUTT – 3′ Antisense：5′ – AUCUGCUGUUGGUAGUGGCTT – 3′
NFκB1 – siRNA – 2	Sense：5′ – GCAUCCUGAUCUUGCCUAUTT – 3′ Antisense：5′ – AUAGGCAAGAUCAGGAUGCTT – 3′
NFκB1 – siRNA – 3	Sense：5′ – GGAAACGACAGAAGCUCAUTT – 3′ Antisense：5′ – AUGAGCUUCUGUCGUUUCCTT – 3′
阴性对照组	Sense：5′ – UUCUUCCGAACGUGUCACGUTT – 3′ Antisense：5′ – ACGUGACACGUUCGGAGAATT – 3′

2.5.2　*NFκB*1 干扰片段的转染

在使用干扰片段之前,需要将呈干粉状的 RNA Oligo(1 OD)用 125 μL DEPC 水重悬,溶解成浓度为 20 μmol/L 的样品(重悬干扰片段前,要瞬时离心,使粉末聚集于管底)。转染前 1 d,将奶牛乳腺上皮细胞以适当的密度接种于六孔细胞培养板中,使其汇合度在 24 h 内达到 70%。用 250 μL Opti – MEM I 分别稀释 5 μL Lipofectamine 2000 和 100 pmol 干扰片段,轻轻混匀后室温孵育 5 min。将稀释好的 Lipofectamine 2000 和干扰片段混合,用枪轻轻吹匀后室温孵育 20 min,以便形成 Lipofectamine/siRNA 复合物。孵育期间,将待转染的细胞用无抗生素的 D – Hank's 缓冲液清洗 2 遍,每孔加 1.5 mL Opti – MEM I。将 Lipofectamine 2000 – siRNA 复合物逐滴加入六孔细胞培养板中,轻摇六孔细胞培养板使其混合均匀。将六孔细胞培养板放入 37 ℃、5% 二氧化碳培养箱中,6 h 后可用荧光显微镜检测转染效率,并更换无抗生素含血清的正常培养液。继续培养 24 h 或 48 h,收集样品进行 qRT – PCR 和 Western – blotting 检测。可根据实验的不同按照表 2 – 16 对转染试剂和干扰片段的用量进行相应的调整。

表 2 – 16　不同转染实验中转染试剂和干扰片段的用量

细胞培养用品	siRNA	培养基最终体积	Lipofectamine 2000
96 孔细胞培养板	5 pmol	100 μL	0.25 μL
24 孔细胞培养板	20 pmol	500 μL	1 μL
12 孔细胞培养板	40 pmol	1 mL	2 μL
6 孔细胞培养板	100 pmol	2 mL	5 μL
35 mm 平皿	150 pmol	3 mL	7.5 μL
60 mm 平皿	200 pmol	5 mL	10 μL

2.5.3 *NFκB*1 基因抑制对奶牛乳腺上皮细胞乳合成的影响的检测

2.5.3.1 qRT – PCR 检测 *NFκB*1 基因抑制对乳合成相关信号分子 mRNA 表达的影响

实验分为空白对照组、阴性对照组和 *NFκB*1 抑制组。转染 24 h 后,收集细胞样品。qRT – PCR 检测 *NFκB*1、*IκBα*、*mTOR*、*SREBP – 1c*、*Cyclin D*1、*β – casein* 和 *β – actin* mRNA 的表达,操作方法同 2.3.1.1。

2.5.3.2 Western – blotting 检测 *NFκB*1 基因抑制对乳合成相关信号分子蛋白表达的影响

实验分组同上。转染 48 h 后,收集蛋白样品。Western – blotting 检测 NFκB1、p – NFκB1、IκBα、p – IκBα、mTOR、p – mTOR、SREBP – 1c、Cyclin D1、β – casein 和 β – actin 蛋白的表达,操作方法同 2.3.1.2。

2.5.3.3 *NFκB*1 基因抑制对奶牛乳腺上皮细胞乳脂分泌的影响的检测

实验分组同上。转染 48 h 后,收集各实验组培养液,检测其三酰甘油含量,操作方法同 2.3.1.3。

2.5.3.4 *NFκB*1 基因抑制对奶牛乳腺上皮细胞乳糖分泌的影响的检测

实验分组同上。转染 48 h 后,收集各实验组培养液,检测其乳糖含量,操作方法同 2.3.1.4。

2.5.4 *NFκB*1 基因抑制对奶牛乳腺上皮细胞 增殖的影响的检测

实验分组同上。转染 24 h 后,应用 kFluor488 Click – iT EdU 成像检测试剂盒检测 *NFκB*1 基因抑制对奶牛乳腺上皮细胞细胞增殖的影响,操作方法同 2.3.1.5。

2.6 染色质免疫沉淀分析 NFκB1 与靶基因 启动子的结合

2.6.1 生物信息学预测 NFκB1 与靶基因启动子的 结合位点

NFκB1 结合核酸的 κB 位点通式为 5′ – GGGRNNYYCC – 3′(其中 R 为嘌呤碱基,Y 为嘧啶碱基,N 为任意碱基)。利用生物信息学手段,分析并预测 *mTOR*、*SREBP – 1c*、*β4GalT2* 和 *Cyclin D*1 转录起始位点上游启动子区域 2 000 *bp* 序列中可能存在的 κB 位点。与 κB 位点通式相似度越高,其 κB 位点为结合位点的可能性越大。

2.6.2 ChIP – PCR 分析 NFκB1 与靶基因启动子的 结合

用 p – NFκB1 作为一抗进行染色质免疫沉淀(ChIP),检测其是否与靶基因 *mTOR*、*SREBP – 1c*、*β4GalT2* 和 *Cyclin D*1 的启动子结合。ChIP 具体操作过程如下:

2.6.2.1　交联和裂解

（1）将细胞接种于 10 cm 细胞培养皿中,培养液用量为 10 mL,待细胞汇合度达到 80%~90% 。

（2）在培养液中加入 37% 甲醛（使用高质量且在有效期内的甲醛）270 μL,使其终浓度为 1% 。轻轻混匀后,37 ℃孵育 10 min,使 DNA 与蛋白质交联。

（3）加入 1.1 mL 甘氨酸溶液（10×）,轻轻混匀后室温静置 5 min,淬灭未反应的甲醛。弃含甲醛和甘氨酸的培养液,用枪吸尽残留的液体。

（4）用 5 mL 预冷的含 1 mmol/L PMSF 的 PBS 溶液洗涤细胞,吸尽液体,确保无液体残留。重复洗涤细胞 1 次。

（5）加 5 mL 预冷的含 1 mmol/L PMSF 的 PBS 溶液,用细胞刮将细胞刮下,收集至离心管中。

（6）4 ℃、1 500 g 离心 6 min,弃上清液。加 500 μL 含 1 mmol/L PMSF 的 SDS Lysis Buffer（SDS 裂解液,使用前需回温至室温,以确保 SDS 溶解）重悬细胞沉淀,转移至 1.5 mL 离心管中。冰上孵育 30 min,以充分裂解细胞（孵育期间,颠倒离心管数次）。

2.6.2.2　超声处理断裂 DNA

超声处理条件的优化:为了保证将交联 DNA 断裂成 200~1 000 bp 大小,需要对 ChIP 超声条件进行优化。优化超声条件的方法包括:

（1）在超声处理参数不变的情况下,改变初始细胞裂解液中的细胞浓度。

（2）在初始细胞裂解液中细胞浓度固定的前提下,改变超声时间、循环、电源功率等。向上述 500 μL 超声处理后的样品中加入 5 mol/L NaCl 20 μL,混匀后 65 ℃水浴 4 h,以去除蛋白和基因组 DNA 之间的交联,用 DNA 纯化试剂盒对解交联产物进行纯化。取 5 μL 纯化产物进行琼脂糖凝胶电泳,分析超声处理对基因组 DNA 的剪切效果。

按照优化后的超声条件进行超声:超声功率为 200 W;超声 10 s,间歇 30 s,共 15 个循环（超声期间,确保样品始终处于冰浴中）。超声过程中会产生热量,可能导致染色质变性。超声探头不要触碰离心管壁。

超声完毕后,4 ℃、12 000 g 离心 5 min,将上清液转移至 2 mL 离心管中。

2.6.2.3 交联蛋白/DNA 的免疫沉淀

(1)用 1.5 mL ChIP Dilution Buffer(1 mmol/L PMSF)稀释超声后的样品,使终体积为 2 mL。

(2)保留 20 μL 样品作为 Input 用于后续检测,剩余样品加 70 μL Protein A + G Agarose/Salmon Sperm DNA,4 ℃缓慢摇动 30 min。

(3)4 ℃、1 000 g 离心 1 min,将上清液转移至 1 个新的 2 mL 离心管中。根据抗体浓度加入适量一抗(一抗用量可根据实验结果进行适当调整),4 ℃缓慢摇动过夜。阳性对照组加入的一抗为 RNA 聚合酶 II 抗体(anti - RNA polymerase II),阴性对照组加入的一抗为正常小鼠 IgG(normal mouse IgG),实验组加入的一抗为 p - NFκB1。

(4)第二天,加 60 μL Protein A + G Agarose/Salmon Sperm DNA,4 ℃缓慢摇动 1 h,用于沉淀一抗结合的蛋白 - DNA 复合物。

(5)4 ℃,1000 g 离心 1 min,吸尽上清液,切勿触及沉淀。然后依次用如下溶液对沉淀进行洗涤,每次洗涤的用量为 1 mL,再用 4 ℃缓慢摇动 5 min。随后 4 ℃、1 000 g 离心 1 min,吸尽上清液,切勿触及沉淀。

①Low Salt Immune Complex Wash Buffer 洗涤沉淀 1 次。

②High Salt Immune Complex Wash Buffer 洗涤沉淀 1 次。

③LiCl Immune Complex Wash Buffer 洗涤沉淀 1 次。

④TE Buffer 洗涤沉淀 2 次。

2.6.2.4 蛋白 - DNA 复合物的洗脱

(1)加入 250 μL 含 1% SDS 和 0.1 mol/L NaHCO₃ Elution Buffer(现用现配),漩涡混匀,室温缓慢摇动,洗脱 5 min。

(2)1 000 g 离心 1 min,将上清液转移至新的离心管中。沉淀中再加入 250 μL Elution Buffer,漩涡混匀,室温缓慢摇动,洗脱 5 min。

(3)1 000 g 离心 1 min,吸上清液,与上一步骤的上清液合并,共

500 μL。

2.6.2.5 蛋白与基因组 DNA 的解交联

(1)向 500 μL 上清液中加入 5 mol/L NaCl 20 μL,混匀后 65 ℃水浴 4 h,使基因组 DNA 与蛋白之间解交联。对于 2.6.2.3 中步骤(2)中的 20 μL Input 样品,加入 5 mol/L NaCl 1 μL,混匀后 65 ℃水浴 4 h。

(2)解交联后,依次加入 0.5 mol/L EDTA 10 μL,1 mol/L Tris – HCl(pH 值为 6.5)20 μL 和 20 mg/mL 蛋白酶 K 1 μL。混匀后 45 ℃水浴 1 h。

2.6.2.6 DNA 的纯化

用 DNA 纯化试剂盒纯化 DNA。纯化后的 DNA(30 μL)可作为模板用于后续的 ChIP – PCR 验证。

以 ChIP 实验中纯化的 DNA 为模板进行 PCR。实验分为 3 组:阳性对照组、阴性对照组和实验组。ChIP – PCR 相关引物见表 2 – 17。ChIP – PCR 反应体系及反应程序分别见表 2 – 18 和表 2 – 19。

表 2 – 17 ChIP – PCR 相关引物

基因名称	引物序列	
mTOR	Sense1：5′ – GCGGCGGAATGT-TCAGAC – 3′	Antisense1：5′ – CCAGAAACG-CACGATAGGCT – 3′
	Sense2：5′ – AGGCTGATTCCTTTCT-GAGACTGG – 3′	Antisense2：5′ – TCAAGAAGAA-GACTGCAGAAAGAAG – 3′
SREBP – 1c	Sense1：5′ – CCCTGAGCAGGACCACT-TGG – 3′	Antisense1：5′ – TGACATTTGTG-GCGCACTTTG – 3′
	Sense2：5′ – TAGCTGTCTCCTCTGAC-CTGC – 3′	Antisense2：5′ – CCTCTGCACCCG-GAGTTTAG – 3′
β4Gal – T2	Sense1：5′ – AGAGTGAAGATGGGT-GATTAGATG – 3′	Antisense1：5′ – CAGCACGAAGT-GTTATAGTGTAGG – 3′
	Sense2：5′ – GCCGGTAACTAGTTT-GACCTCAT – 3′	Antisense2：5′ – GTCAGGAATTT-GT-TGGCTCATC – 3′
*Cyclin D*1	Sense1：5′ – CCGTCTTTCTC-CGGGGGTTAG – 3′	Antisense1：5′ – GCCGCCGGGAT-GATTTAT – 3′
	Sense2：5′ – CCGTCTTTCTCCGGGGT-TAG – 3′	Antisense2：5′ – GCCGCCGGGAT-GATTTAT – 3′
GAPDH	Sense：5′ – TACTAGCGGTTT-TACGGGCG – 3′	Antisense：5′ – TCGAACAGGAG-GAGCAGAGAGCGA – 3′

表 2 – 18　ChIP – PCR 反应体系

试剂名称	用量/μL
无核酸酶水	12. 5
10 × PCR Buffer	2. 0
4 mmol/L dNTP 混合物	1. 0
5 μmol/L 引物	2. 0
DNA 样品	2. 0
Taq DNA 聚合酶	0. 5

表 2 – 19　ChIP – PCR 反应程序

项目	反应参数的设置		
初始变性	95 ℃	5 min	
变性	95 ℃	30 s	
退火	T_m	30 s	34 个循环
延伸	72 ℃	30 s	
最终延伸	72 ℃	5 min	

2.6.3 ChIP – qPCR 检测添加甲硫氨酸、雌激素后 NFκB1 与靶基因启动子的结合

实验分为空白对照组、甲硫氨酸处理组和雌激素处理组。ChIP – qPCR 引物见表2 – 20,ChIP – qPCR 反应体系见表2 – 21,ChIP – qPCR 反应程序见表2 – 22。

表 2 – 20　ChIP – qPCR 引物

基因名称	引物序列
mTOR	Sense：5′ – GCGGCGGAATGTTCAGAC – 3′ Antisense：5′ – CCAGAAACGCACGATAGGCT – 3′
SREBP – 1*c*	Sense：5′ – CCCTGAGCAGGACCACTTGG – 3′ Antisense：5′ – TGACATTTGTGGCGCACTTTG – 3′
*β4GalT*2	Sense：5′ – AGAGTGAAGATGGGTGATTAGATG – 3′ Antisense：5′ – CAGCACGAAGTGAGTGTAGG – 3′
*Cyclin D*1	Sense：5′ – CCGTCTTTCTCCGGGGTTAG – 3′ Antisense：5′ – GCCGCCGGGATGATTTAT – 3′

表 2 – 21　ChIP – qPCR 反应体系

试剂名称	用量/μL
无核酸酶水	5.6
5 μmol/L 引物	2.0
DNA 样品	2.0
SYBR® Green PCR Master Mix	10.0
ROX Reference Dye Ⅰ	0.4

表 2 – 22　ChIP – qPCR 反应程序

qPCR 参数设置		
初始变性	94 ℃	10 min
变性	94 ℃	20 s ⎱ 共 40 个循环
退火和延伸	60 ℃	1 min ⎰

2.7 NFκB1 接受甲硫氨酸、雌激素信号的机理研究方法

2.7.1 PI3K 和 mTOR 抑制剂的最佳浓度筛选

2.7.1.1 PI3K 抑制剂的最佳浓度筛选

实验分为空白对照组和 PI3K 抑制组。将奶牛乳腺上皮细胞以适当的密度接种于六孔细胞培养板中,待细胞汇合度达到 80% 左右时,向培养液中添加 Wortmannin。设置 4 个浓度梯度,Wortmannin 终浓度分别为 100 nmol/L、200 nmol/L、300 nmol/L 和 400 nmol/L,处理 24 h 后收集细胞,制备蛋白样品。Western – blotting 检测 Akt、p – Akt、NFκB1、p – NFκB1 和 β – actin 的表达。

2.7.1.2 mTOR 抑制剂的最佳浓度筛选

实验分组同上。设置 4 个浓度梯度,使雷帕霉素终浓度分别为 2 nmol/L、4 nmol/L、6 nmol/L 和 8 nmol/L。处理 24 h 后收集细胞,制备蛋白样品。Western – blotting 检测 S6K1、p – S6K1、mTOR、p – mTOR、NFκB1、p – NFκB1 和 β – actin 的表达。

2.7.2 同时添加甲硫氨酸或雌激素和 PI3K 抑制剂后对 NFκB1 表达的影响的检测

实验分为空白对照组、甲硫氨酸处理组、雌激素处理组、Wortmannin 处理组、甲硫氨酸 + Wortmannin 处理组、雌激素 + Wortmannin 处理组。将奶牛

乳腺上皮细胞以适当的密度接种于六孔细胞培养板中,待细胞汇合度达到80%左右时,向培养液添加 Wortmannin,使其终浓度为400 nmol/L。2 h 后继续添加甲硫氨酸和雌激素。处理24 h 后收集蛋白样品,Western – blotting 检测 Akt、p – Akt、NFκB1、p – NFκB1 和 β – actin 的表达。

2.8 *GlyRS* 介导氨基酸和激素调节 NFκB1 机理研究的方法

2.8.1 过表达 *GlyRS* 干扰 *NFκB1* 对 *NFκB1* 靶基因 蛋白表达的影响的检测方法

本部分实验分为4组,见表2 – 23。

表2 – 23　实验分组(4 组)

实验分组
转 GlyRS 空载体 + NFκB1 – NC
转 GlyRS 过表达载体 + NFκB1 – NC
转 GlyRS 空载体 + NFκB1 – siRNA
转 GlyRS 过表达 + NFκB1 – siRNA

将细胞以适当的密度接种于六孔细胞培养板中,使其在24 h 内汇合度达到80%左右。在250 μL Opti – MEM I 中稀释100 pmol siRNA 和2.5 μg

质粒,然后加入 10 μL Lipofectamine 2000,轻轻混匀后室温孵育 20 min。将 siRNA/DNA/Lipofectamine 复合物加入培养基中,轻轻混匀。细胞在 37 ℃、5%二氧化碳培养箱中培养 48 h 后,收集细胞,制备蛋白样品,Western – blotting检测 GlyRS、p – GlyRS、NFκB1、p – NFκB1 和 β – actin 蛋白的表达。

2.8.2 添加甲硫氨酸、雌激素同时干扰 *GlyRS* 对 NFκB1 的表达与磷酸化的影响的 检测方法

本部分实验分为 6 组,见表 2 – 24。

表 2 – 24　实验分组

实验分组
转 GlyRS – NC
甲硫氨酸 + 转 GlyRS – NC
雌激素 + 转 GlyRS – NC
转 GlyRS – siRNA
甲硫氨酸 + 转 GlyRS – siRNA
雌激素 + 转 GlyRS – siRNA

GlyRS 干扰片段由课题组其他成员提供。其序列为:Sense 5′ – GGC-CCAGCUUGAUAACUAUTT – 3′; Antisense 5′ – AUAGUUAUCAAGCUGGGC-CTT – 3′。最佳干扰时间为转染后 48 h。*GlyRS* 干扰片段转染方法同 2.5.2。转染 5 h 后,更换无抗生素含血清培养液的同时,分别添加 0.6 mmol/L 甲硫氨酸和 2.72×10^{-2} μg/L 雌激素,48 h 后收集细胞,制备蛋白样品,利用

Western – blotting 检测 GlyRS、p – GlyRS、NFκB1、p – NFκB1 和 β – actin 蛋白的表达。

2.8.3　同时干扰 *GlyRS* 和 *GCN*2 对 NFκB1 的表达与磷酸化的影响的检测方法

2.8.3.1　*GCN*2 最佳干扰片段和最佳干扰时间的筛选

*GCN*2 干扰片段由苏州吉玛基因股份有限公司设计并合成。在合成的 3 条 *GCN*2 干扰片段中需筛选出 1 条干扰效果最佳的片段。将 3 条 *GCN*2 分别进行转染实验。实验分为空白对照组、阴性对照组、转 GCN2 – siRNA 组。转染后分别于 12 h、24 h、36 h 和 48 h 收取细胞样品，提取各组样品的总 RNA 并进行反转录。qRT – PCR 检测各组样品中 *GCN*2 的表达水平。*GCN*2 干扰片段序列信息见表 2 – 25。

表 2 – 25　*GCN*2 干扰片段序列信息

干扰片段名称	序列
GCN2 – siRNA – 1	Sense：5′ – GCAAUUCCGUGGUGCACAATT – 3′ Antisense：5′ – UUGUGCACCACGGAAUUGCTT – 3′
GCN2 – siRNA – 2	Sense：5′ – GGAACAAAGUCCCGAAGAUTT – 3′ Antisense：5′ – AUCUUCGGGACUUUGUUCCTT – 3′
GCN2 – siRNA – 3	Sense：5′ – CCCGCUAUUUCAUUGAGUUTT – 3′ Antisense：5′ – AACUCAAUGAAAUACGGGTT – 3′
阴性对照组	Sense：5′ – UUCUCCGAACGUGUCACGUTT – 3′ Antisense：5′ – ACGUGACACGUUCGGAGAATT – 3′

2.8.3.2　*GlyRS* 和 *GCN2* 干扰片段的共转染

本部分实验分为 4 组,具体见表 2 – 26。

表 2 – 26　实验分组(4 组)

实验分组
转 GlyRS – NC + GCN2 – NC
转 GlyRS – siRNA + GCN2 – NC
转 GlyRS – NC + GCN2 – siRNA
转 GlyRS – siRNA + GCN2 – siRNA

将细胞以适当的密度接种于六孔细胞培养板中,使其在 24 h 内汇合度达到 80% 左右。用 250 μL Opti – MEM Ⅰ 分别稀释 100 pmol siRNA(或 NC),然后加入 10 μL Lipofectamine 2000,轻轻混匀后室温孵育 20 min。孵育期间将待转染细胞用 D – Hank's 缓冲液清洗 2 次,加入 1.5 mL Opti – MEM Ⅰ。将 siRNA/Lipofectamine 复合物加入培养基中,轻轻摇晃六孔细胞培养板使其混匀。细胞在 37 ℃、5% 二氧化碳培养箱中培养 48 h 后,收集细胞,制备蛋白样品,Western – blotting 检测 GlyRS、p – GlyRS、GCN2、p – GCN2、NFκB1、p – NFκB1 和 β – actin 蛋白的表达。

2.9　数据分析

采用 Image – Pro Plus 6.0 对 Western – blotting 条带进行灰度分析;采用 SPSS17.0 软件对实验数据进行 t 检验分析,对多组数据进行方差分析,数据结果用"平均值±标准差"表示。采用 Excel 进行相关实验数据的处理和分析。无肩标表示差异不显著($P > 0.05$)，*表示差异显著($P < 0.05$)，**表示差异极显著($P < 0.01$)。

第3章

结果与分析

3.1 奶牛乳腺上皮细胞的原代培养、纯化 与鉴定结果

采用组织块培养法对奶牛乳腺上皮细胞进行原代培养,约 7 d 后,成纤维细胞开始从组织块周围爬出。培养 10 d 后,组织块周围有乳腺上皮细胞爬出。20 d 左右,细胞汇合度达到 80% 以上。吹掉组织块,用胰蛋白酶对细胞进行纯化。纯化 2~3 次后获得纯的奶牛乳腺上皮细胞。在倒置相差显微镜下,观察乳腺上皮细胞,其形态均一,排列紧密,形状成椭圆形或多边形。奶牛乳腺上皮细胞的原代培养与纯化见图 3-1。

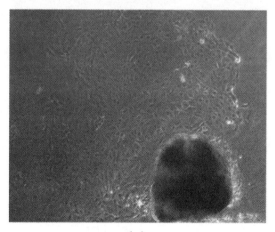

(a)

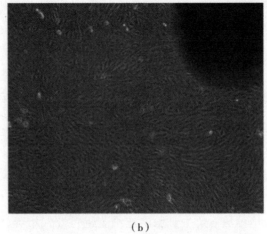

（b）

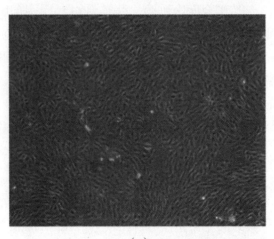

（c）

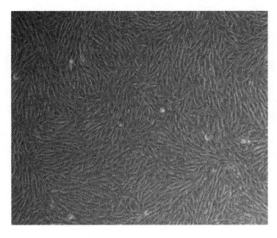

（d）

图 3 - 1 奶牛乳腺上皮细胞的原代培养与纯化（×200）

注：(a)组织块培养 10 d 左右,组织块周围有细胞爬出;

(b)奶牛乳腺上皮细胞与成纤维细胞混合生长;

(c)纯化的奶牛乳腺上皮细胞;(d)纯化的成纤维细胞

利用免疫荧光染色法检测纯化后的奶牛乳腺上皮细胞（BMECs）CK18 的特异性表达。实验结果见图 3 - 2(a),纯化后的奶牛乳腺上皮细胞 CK18 的表达呈阳性,而对照组中纯化后的成纤维细胞(fibroblast)CK18 的表达呈阴性。Alexa Fluor 488 标记的 CK18 为绿色,DAPI 标记的细胞核为蓝色。实验结果表明,利用组织块培养法经胰蛋白酶纯化,成功获得奶牛乳腺上皮细胞。

为了证明纯化的奶牛乳腺上皮细胞具有泌乳能力,利用免疫荧光染色法对纯化后的奶牛乳腺上皮细胞中 β - casein 的表达进行了检测。实验结果见图 3 - 2(b),纯化后的奶牛乳腺上皮细胞 β - casein 的表达呈阳性,而对照组中纯化后的成纤维细胞 β - casein 的表达呈阴性。Alexa Fluor 488 标记的 β - casein 为绿色,DAPI 标记的细胞核为蓝色。实验结果表明,经组织块培养法培养并纯化获得了具有泌乳能力的奶牛乳腺上皮细胞。

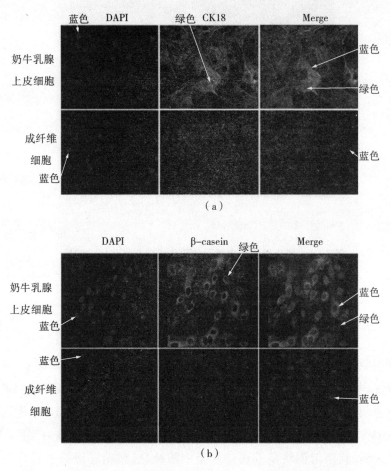

图 3 –2　奶牛乳腺上皮细胞 CK18 和 β – casein 的免疫荧光染色(×800)

注:(a)蓝色为 DAPI 标记的细胞核,绿色为 Alexa Fluor 488 标记的 CK18;

(b)蓝色为 DAPI 标记的细胞核,绿色为 Alexa Fluor 488 标记的 β – casein

3.2　添加甲硫氨酸、雌激素后 NFκB1 的表达与定位结果

3.2.1　添加甲硫氨酸、雌激素后对奶牛乳腺上皮细胞乳合成的影响

3.2.1.1　qRT – PCR 检测添加甲硫氨酸、雌激素后对乳合成的影响

实验分为空白对照组(Blank)、甲硫氨酸(Met)处理组和雌激素(E)处理组。细胞处理 24 h 后,收集细胞样品,提取总 RNA 并反转录,qRT – PCR 检测添加甲硫氨酸、雌激素后对泌乳相关基因表达的影响,结果见图 3 – 3。实验结果表明,添加 0.6 mmol/L 甲硫氨酸和 2.72×10^{-2} μg/L 雌激素处理 24 h 后,与空白对照组相比,甲硫氨酸处理组和雌激素处理组中 *NFκB*1、*IκBα*、*β – casein*、*β4GalT*2 和 *Cyclin D*1 基因的相对表达量显著提高。

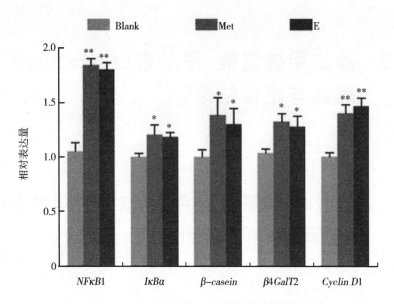

图 3 – 3　qRT – PCR 检测添加 Met、E 对乳合成的影响

注:数据用"平均值 ± 标准误"表示,实验重复 3 次;

与空白对照组相比, * 表示 $P < 0.05$, ** 表示 $P < 0.01$

3.2.1.2　Western – blotting 检测添加甲硫氨酸、雌激素 对奶牛乳腺上皮细胞乳合成的影响

　　添加甲硫氨酸和雌激素 24 h 后收集细胞,制备蛋白样品。Western – blotting 检测乳合成相关基因的蛋白表达,结果见图 3 – 4。添加甲硫氨酸和雌激素后,NFκB1、p – NFκB1、IκBα 的蛋白水平显著提高($P < 0.05$),而甲硫氨酸和雌激素处理组中 p – IκBα 的蛋白水平低于空白对照组,但差异不显著($P > 0.05$);添加甲硫氨酸和雌激素后,β – casein 和 Cyclin D1 的蛋白相对表达量也明显高于空白对照组($P < 0.05$)。由于市面上未有适合种属为牛的 β4GalT2 的抗体,因此未用 Western – blotting 检测 β4GalT2 的蛋白表达。实验结果表明,甲硫氨酸和雌激素能够显著促进奶牛乳腺上皮细胞乳合成相关基因的蛋白表达,与 qRT – PCR 结果一致。

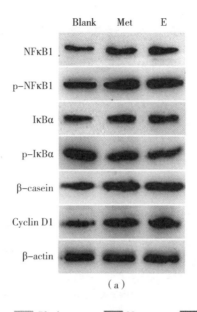

（a）

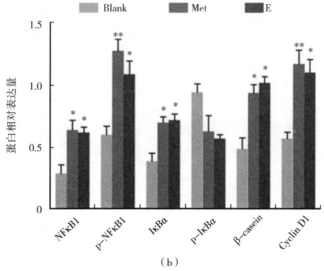

（b）

图 3 – 4　Western – blotting 检测添加 Met、E

对奶牛乳腺上皮细胞乳合成相关信号分子蛋白表达的影响

注:数据用"平均值 ± 标准误"表示,实验重复 3 次;与空白对照组

相比,* 表示 $P < 0.05$,** 表示 $P < 0.01$,无 * 表示 $P > 0.05$

3.2.1.3 添加甲硫氨酸、雌激素对奶牛乳腺上皮细胞 增殖的影响

添加甲硫氨酸、雌激素处理 24 h 后,制备细胞爬片。kFluor488 Click – iT EdU 成像检测试剂盒检测奶牛乳腺上皮细胞的细胞增殖情况,实验结果见图 3 –5。与空白对照组相比,甲硫氨酸和雌激素处理组中 EdU 标记的细胞核显著提高,与 qRT – PCR 和 Western – blotting 结果一致。

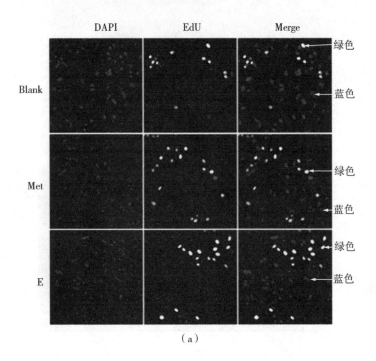

（a）

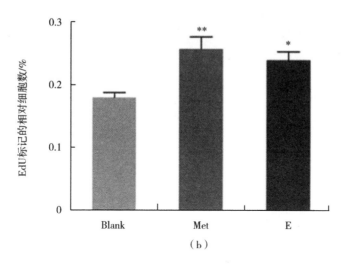

（b）

图3-5 添加Met、E对奶牛乳腺上皮细胞增殖的影响

注:(a)EdU标记的增殖细胞的细胞核,暗点为DAPI标记的细胞核,

亮点为EdU标记的增殖细胞的细胞核;(b)EdU标记的相对细胞数

（数据用"平均值±标准误"表示,实验重复3次;

与空白对照组相比,*表示$P < 0.05$,**表示$P < 0.01$）

3.2.1.4 添加甲硫氨酸、雌激素对奶牛乳腺上皮细胞三酰甘油分泌的影响

添加甲硫氨酸、雌激素处理24 h后,收集细胞培养液并制备细胞爬片,利用三酰甘油检测试剂盒检测空白对照组、甲硫氨酸处理组和雌激素处理组培养液中三酰甘油的浓度。利用免疫荧光法检测奶牛乳腺上皮细胞中脂滴分泌的情况,结果见图3-6。甲硫氨酸和雌激素处理组培养液中三酰甘油的浓度均显著高于空白对照组($P < 0.05$)。此外,脂滴的BODIPY染色结果显示,甲硫氨酸和雌激素处理组中,奶牛乳腺上皮细胞中合成的脂滴明显多于空白对照组。以上实验结果表明,添加甲硫氨酸和雌激素能够显著促进奶牛乳腺上皮细胞三酰甘油的合成和分泌。

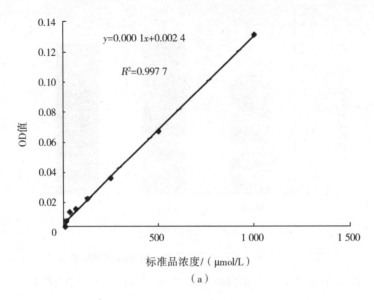

$y=0.000\ 1x+0.002\ 4$

$R^2=0.997\ 7$

（a）

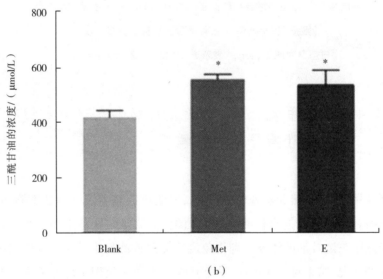

（b）

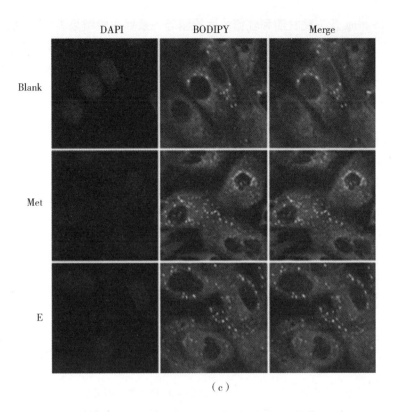

（c）

图 3 – 6　添加甲硫氨酸、雌激素对奶牛乳腺上皮细胞三酰甘油分泌的影响
注：（a）三酰甘油的标准曲线；（b）添加 Met、
E 后培养液中三酰甘油的浓度（数据用"平均值 ± 标准误"表示，
实验重复 3 次；与空白对照组相比，* 表示 $P < 0.05$）；
（c）免疫荧光检测奶牛乳腺上皮细胞中脂滴的合成（ ×800），
暗圆形为 DAPI 标记的细胞核，亮点为 BODIPY 标记的脂滴

3.2.1.5　添加甲硫氨酸、雌激素对奶牛乳腺上皮细胞乳糖分泌的影响

　　添加甲硫氨酸、雌激素处理 24 h 后，收集细胞培养液，利用乳糖检测试剂盒检测各实验组培养液中乳糖含量，结果见图 3 – 7。与空白对照组相比，甲硫氨酸处理组和雌激素处理组中，乳糖含量显著提高。qRT – PCR、Wes tern – blotting 及三酰甘油和乳糖浓度检测等一系列实验结果表明,甲硫氨酸和雌激素能够显著提高奶牛乳腺上皮细胞的乳合成及细胞增殖,并且 NFκB1 和 p – NFκB1 在 mRNA 和蛋白水平的相对表达量均显著升高,初步断定其与奶牛乳腺上皮细胞的乳合成和细胞增殖有关。

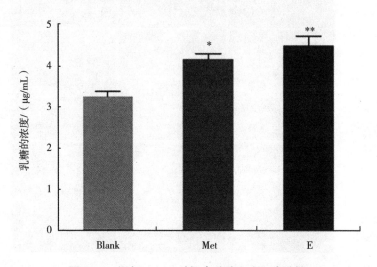

图 3 – 7 添加 Met、E 对奶牛乳腺上皮细胞乳糖
分泌的影响(数据用"平均值 ± 标准误"表示,实验重复 3 次;
与空白对照组相比, * 表示 $P < 0.05$, ** 表示 $P < 0.01$)

3.2.2　添加甲硫氨酸、雌激素后 NFκB1 的表达 与定位

添加甲硫氨酸、雌激素处理 24 h 后,制备细胞爬片。免疫荧光结果见图 3-8。与空白对照组相比,甲硫氨酸和雌激素处理后,NFκB1 和 p-NFκB1 的表达水平显著提高。甲硫氨酸和雌激素还能够促进 NFκB1 入核及磷酸化。

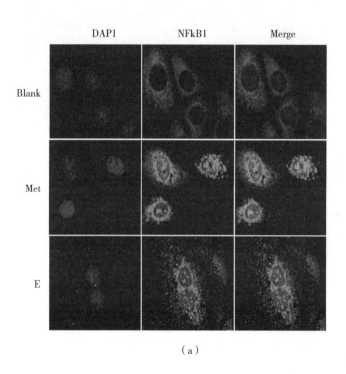

(a)

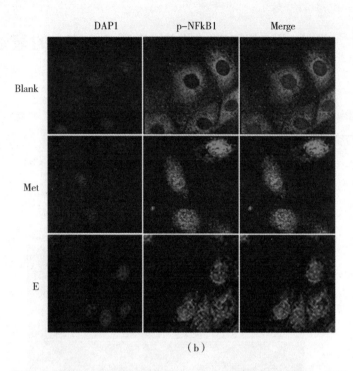

（b）

图 3 – 8　添加 Met、E 后 NFκB1 和 p – NFκB1 的亚细胞定位（×800）

注：添加甲硫氨酸、雌激素后 NFκB1 的亚细胞定位。

（a）暗圆形为 DAPI 标记的细胞核，亮圆形为 TRITC

标记的 NFκB1；（b）暗圆形为 DAPI 标记的细胞核，亮圆形为

TRITC 标记的 p – NFκB1

3.3 $NF\kappa B$1 基因过表达对奶牛乳腺上皮细胞乳合成及细胞增殖的影响

3.3.1 $NF\kappa B$1 基因过表达载体的构建

根据 NCBI 提供牛(*Bos taurus*)的 $NF\kappa B$1 基因的序列信息,用 Primer Primer 5.0 设计可以扩增出 $NF\kappa B$1 的完整 CDS 区序列(约 2 920 bp)的上下游引物,然后进行 PCR 扩增。扩增产物进行 1% 琼脂糖凝胶电泳检测,结果见图 3-9。在 3 000 bp DNA Marker 处有 1 条清晰的目的条带,说明成功扩增出目的基因。

将目的基因进行胶回收,然后对胶回收产物和真核表达载体 pGCMV - IRES - EGFP 同时进行双酶切,再进行连接和转化。挑单个菌落,摇菌后提取质粒,取部分质粒进行双酶切验证。双酶切验证结果见图 3-9,在 5 000 bp 和 3 000 bp DNA Marker 处有两条清晰的目的条带,与表达载体和目的基因大小一致,说明目的基因与表达载体成功连接。将连接成功的质粒进行测序,确定无突变后,将菌液大量扩增,提取质粒用于后续转染。

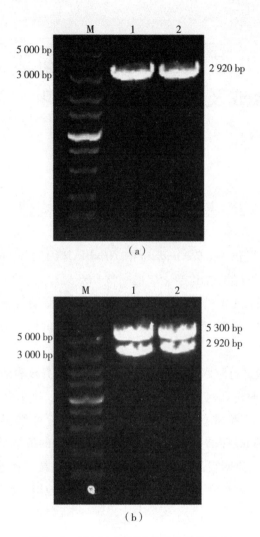

图 3-9   *NF*κ*B*1 基因过表达载体的构建

注：(a) *NF*κ*B*1 的 PCR 扩增；M 表示 DNA Marker，

1～2 表示 *NF*κ*B*1 的 PCR 产物；(b) 重组质粒

pGCMV - IRES - EGFP - NFκB1 的双酶切验证；

M 表示 DNA Marker，1～2 表示双酶切的产物

3.3.2 *NFκB*1 基因过表达载体的转染

用 Lipofectamine 2000 将 *NFκB*1 基因过表达载体 pGCMV – IRES –
EGFP – NFκB1 转入奶牛乳腺上皮细胞中。转染 24 h 后,用荧光显微镜观察
标记蛋白 EGFP 的表达,观察结果见图 3 – 10。视野中绿色荧光分布广泛,
说明转染效率较高,可用于后续实验相关指标的检测。

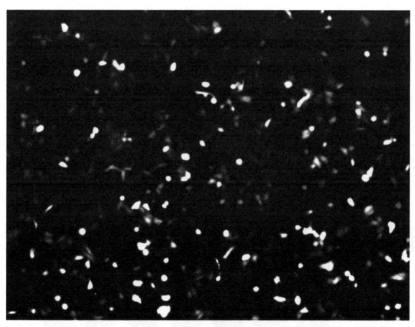

图 3 – 10 *NFκB*1 基因过表达载体转染后细胞中绿色荧光蛋白的表达

(图中亮点为绿色荧光蛋白)

3.3.3 *NFκB*1 基因过表达对奶牛乳腺上皮细胞 乳合成的影响

3.3.3.1 qRT – PCR 检测 *NFκB*1 基因过表达对乳合成 相关基因表达的影响

转染 24 h 后,qRT – PCR 检测各实验组乳合成相关信号分子基因的表达情况,实验结果见图 3 – 11。*NFκB*1 过表达后,*IκBα*、*mTOR*、*SREBP* – 1*c*、*β* – *casein*、*β4GalT*2 和 *Cyclin D*1 的相对表达量均显著升高。

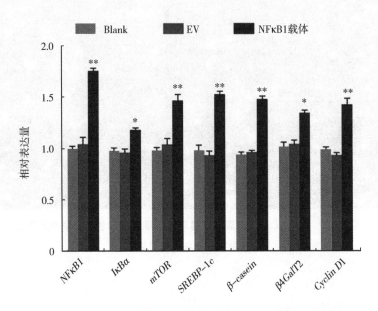

图 3 – 11　qRT – PCR 检测 *NFκB*1 过表达后乳合成相关基因的
相对表达(数据用"平均值 ± 标准误"表示,实验重复 3 次;与转空载体
组相比,* 表示 $P < 0.05$,** 表示 $P < 0.01$,无 * 表示 $P > 0.05$)

3.3.3.2　Western – blotting 检测 *NFκB*1 基因过表达对乳合成相关信号分子蛋白表达的影响

转染 48 h 后,收集细胞样品,Western – blotting 检测各实验组中乳合成相关基因的蛋白表达变化,实验结果见图 3 – 12。*NFκB*1 过表达后,NFκB1、p – NFκB1、IκBα、mTOR、p – mTOR、SREBP – 1c、β – casein、Cyclin D1 的蛋白表达显著升高,与 qRT – PCR 结果一致。此外,*NFκB*1 过表达后,p – IκBα 蛋白表达呈下降趋势,但差异不显著($P > 0.05$)。

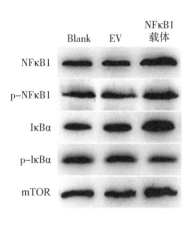

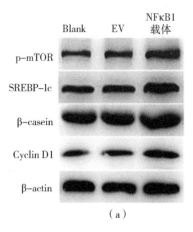

（a）

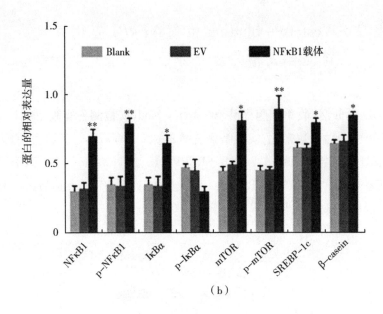

（b）

图 3 – 12　Western – blotting 检测 $NF\kappa B1$ 过表达后乳合成相关信号分子蛋白的表达

注：（a）$NF\kappa B1$ 过表达后乳合成相关基因的蛋白表达；

（b）$NF\kappa B1$ 过表达后乳合成相关信号分子蛋白表达的灰度值

（数据用"平均值 ± 标准误"表示，实验重复 3 次；与转空载体组

相比，* 表示 $P < 0.05$，** 表示 $P < 0.01$，无 * 表示 $P > 0.05$）

3.3.3.3　$NF\kappa B1$ 基因过表达对奶牛乳腺上皮细胞三酰甘油分泌的影响

转染 48 h 后，收集各实验组的细胞培养液，利用三酰甘油试剂盒检测其三酰甘油浓度，实验结果见图 3 – 13。与空白对照组和转空载体组相比，$NF\kappa B1$ 过表达组培养液的三酰甘油浓度显著升高，实验结果表明，$NF\kappa B1$ 基因过表达能够促进奶牛乳腺上皮细胞三酰甘油的分泌。

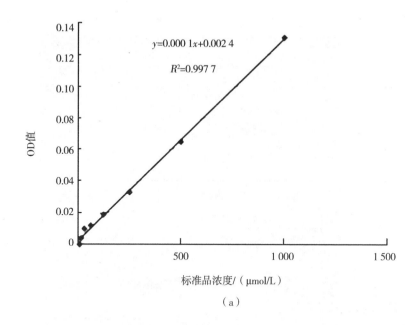

（a）

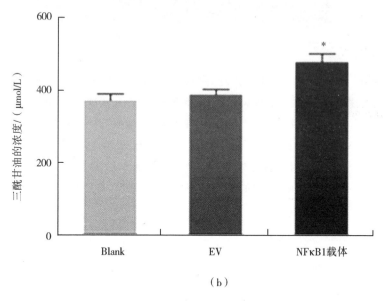

（b）

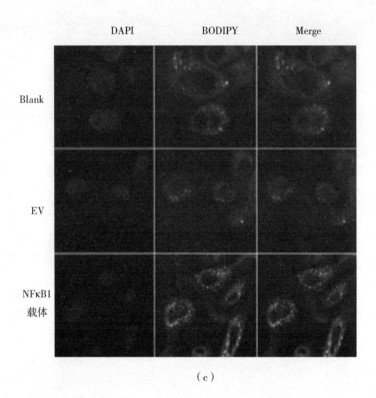

（c）

图 3 – 13　*NFκB*1 基因过表达对奶牛乳腺上皮细胞三酰甘油分泌的影响

注:(a)三酰甘油的标准曲线;(b)利用三酰甘油检测试剂盒检测

培养液中三酰甘油的浓度(数据用"平均值 ± 标准误"表示,实验重复

3 次;与转空载体组相比, * 表示 $P < 0.05$,无 * 表示 $P > 0.05$)。

(c)奶牛乳腺上皮细胞中三酰甘油的 BODIPY 染色,

暗圆形为 DAPI 标记的细胞核,亮圆形为 BODIPY 标记的脂滴

3.3.3.4 *NFκB*1 基因过表达对奶牛乳腺上皮细胞乳糖
分泌的影响

转染 48 h 后,收集各实验组的细胞培养液,利用乳糖检测试剂盒检测培养液中乳糖浓度,实验结果见图 3－14。与空白对照组和转空载体组相比,*NFκB*1 过表达组培养液的乳糖浓度显著升高。实验结果表明,*NFκB*1 基因过表达能够促进奶牛乳腺上皮细胞乳糖的分泌。

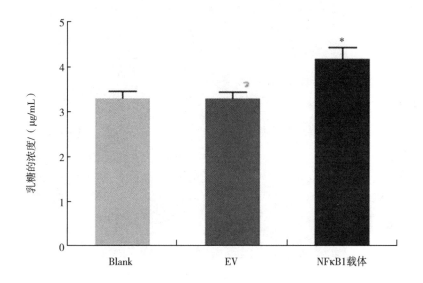

图 3－14 *NFκB*1 基因过表达对奶牛乳腺上皮细胞乳糖分泌的影响
注:数据用"平均值±标准误"表示,实验重复 3 次;
与转空载体组相比, * 表示 $P < 0.05$,无 * 表示 $P > 0.05$

3.3.4 *NFκB*1 基因过表达对奶牛乳腺上皮细胞 增殖的影响

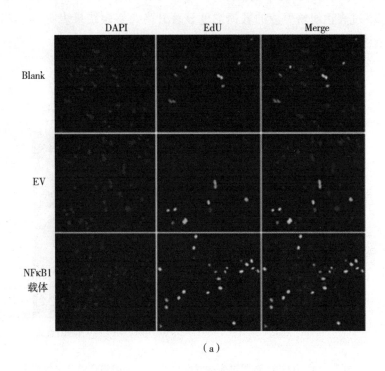

（a）

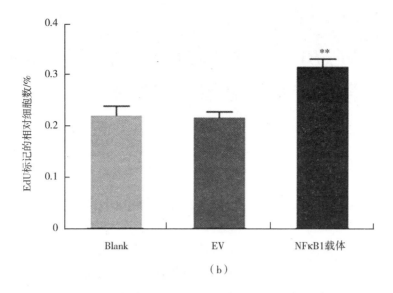

（b）

图 3 – 15 *NFκB*1 基因过表达对奶牛乳腺上皮细胞细胞增殖的影响

注：(a) EdU 标记的增殖细胞的细胞核，

暗点为 DAPI 标记的细胞核，亮点为 EdU 标记的增殖细胞的细胞核；

(b) EdU 标记的相对细胞数(数据用"平均值 ± 标准误"表示，

实验重复 3 次；与转空载体组相比，无 * 表示 $P > 0.05$，** 表示 $P < 0.01$)

转染 48 h 后，制备细胞爬片，利用 kFluor488 Click – iT EdU 成像检测试剂盒检测各实验组细胞增殖情况，实验结果见图 3 – 15。与空白对照组和转空载体组相比，*NFκB*1 过表达组中 EdU 标记的细胞核明显增多，实验结果表明，*NFκB*1 基因过表达能够显著促进奶牛乳腺上皮细胞的细胞增殖。

3.4 $NF\kappa B1$ 基因抑制对奶牛乳腺上皮细胞乳合成及细胞增殖的影响

3.4.1 $NF\kappa B1$ 最佳干扰片段与时间的筛选

$NF\kappa B1$ 干扰片段由苏州吉玛基因股份有限公司设计并合成。合成的干扰片段包括 3 条,采用 qRT – PCR 方法从中挑选出 1 条最佳干扰片段,并筛选出最佳干扰片段的最佳干扰时间。将 3 条抑制片段和阴性对照片段分别转染至奶牛乳腺上皮细胞中,分别于转染后 12 h、24 h、36 h 和 48 h 收取细胞样品,采用 qRT – PCR 检测各组样品中 $NF\kappa B1$ 的相对表达量,结果见图 3 – 16。与 NFκB1 – siRNA – 1 和 NFκB1 – siRNA – 2 相比,NFκB1 – siRNA – 3 在转染 24 h 后,$NF\kappa B1$ 的相对表达量最低,因此选择 NFκB1 – siRNA – 3 为最佳干扰片段用于后续 qRT – PCR 的相关检测。在转染 36 h 和 48 h 后,NFκB1 – siRNA – 3 对 $NF\kappa B1$ 的抑制效果也很显著。因此,NFκB1 – siRNA – 3 转染后 48 h 作为 Western – blotting、三酰甘油和乳糖检测的收样时间点的最佳干扰片段,分别在转染后 24 h 和 48 h 进行转录水平和蛋白水平的检测。奶牛乳腺上皮细胞三酰甘油和乳糖分泌的检测也在转染后 48 h 进行检测。

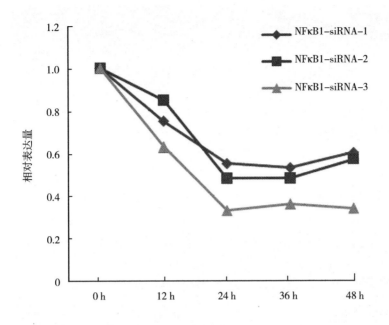

图 3 - 16　*NFκB*1 最佳干扰片段及最佳干扰时间的筛选

3.4.2　*NFκB*1 干扰片段的转染

　　*NFκB*1 干扰片段转染 6 h 后,于荧光显微镜下观察其转染效果。由于干扰片段具有 FAM 绿色荧光基团,因此转染成功的细胞能够看到 FAM 绿色荧光。与绿色荧光蛋白 GFP 相比,FAM 的荧光比较弱。*NFκB*1 干扰片段的转染效果见图 3 - 17。

图 3 - 17　*NFκB*1 干扰片段的转染效果图

3.4.3　*NFκB*1 基因抑制对奶牛乳腺上皮细胞乳合成的影响

3.4.3.1　qRT - PCR 检测 *NFκB*1 基因抑制后乳合成及细胞增殖相关信号分子的表达

实验分为空白对照组、阴性对照组和 *NFκB*1 抑制组。转染后 24 h 收集细胞样品,提取细胞 RNA 并反转录后,qRT - PCR 检测 *NFκB*1 基因抑制对乳合成和细胞增殖相关信号分子相关表达量的影响,实验结果见图 3 - 18。*NFκB*1 基因抑制后,*IκBα*、*mTOR*、*SREBP - 1c*、*β - casein*、*β4GalT2* 和 *Cyclin*

$D1$ 的相对表达量显著降低。

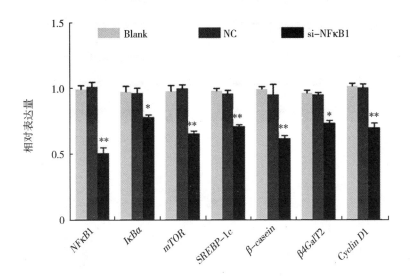

图 3 – 18　qRT – PCR 检测 $NF\kappa B1$ 基因抑制后乳合成及细胞增殖

相关信号分子的相对表达量 (数据用"平均值 ± 标准误"表示,

实验重复 3 次;与阴性对照组相比,* 表示 $P < 0.05$,

** 表示 $P < 0.01$,无 * 表示 $P > 0.05$)

3.4.3.2　Western – blotting 检测 $NF\kappa B1$ 基因抑制后奶牛乳腺上皮细胞乳合成及细胞增殖相关基因的蛋白表达

实验分组同上,转染 48 h 后收集细胞,制备蛋白样品,Western – blotting 检测 $NF\kappa B1$ 基因抑制对奶牛乳腺上皮细胞乳合成及细胞增殖相关基因在蛋白水平表达的影响,实验结果见图 3 – 19。$NF\kappa B1$ 基因抑制后,$NF\kappa B1$、$p – NF\kappa B1$、$I\kappa B\alpha$、$mTOR$、$p – mTOR$、$SREBP – 1c$、$\beta – casein$、$Cyclin\ D1$ 基因的蛋白水平均显著降低。此外,$NF\kappa B1$ 基因抑制后,p – IκBα 的蛋白水平呈显著上升趋势($P < 0.05$)。

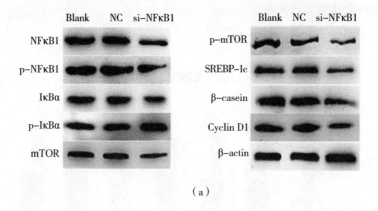

（a）

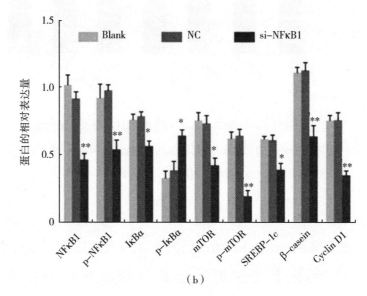

（b）

图3-19　Western-blotting检测 *NFκB*1 基因
抑制后乳合成相关信号分子蛋白的表达

注：（a）*NFκB*1 抑制后乳合成相关信号分子蛋白的表达；

（b）*NFκB*1 抑制后乳合成相关信号分子蛋白表达的灰度值

（数据用"平均值±标准误"表示，实验重复3次；与阴性对照组

相比，*表示 $P<0.05$，**表示 $P<0.01$，无*表示 $P>0.05$）

3.4.3.3　*NFκB*1 基因抑制对奶牛乳腺上皮细胞三酰甘油合成和分泌的影响

　　转染 48 h 后,收集细胞培养液并制备细胞爬片。用三酰甘油试剂盒检测各实验组培养液中三酰甘油的浓度;免疫荧光检测各实验组奶牛乳腺上皮细胞中 BODIPY 标记的脂滴合成情况,实验结果见图 3 – 20。与空白对照组和阴性对照组相比,*NFκB*1 抑制后,培养液中分泌的三酰甘油含量显著降低($P<0.05$);免疫荧光结果显示,*NFκB*1 抑制组奶牛乳腺上皮细胞中合成的脂滴明显减少,与三酰甘油试剂盒检测结果一致。

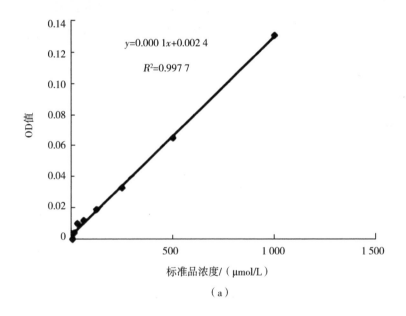

$y=0.000\ 1x+0.002\ 4$

$R^2=0.997\ 7$

（a）

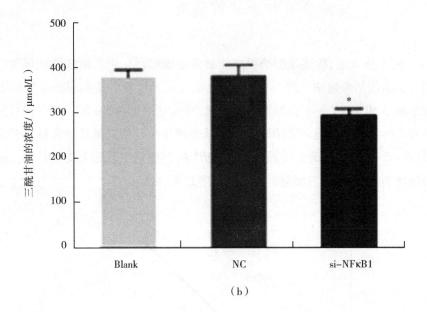

（b）

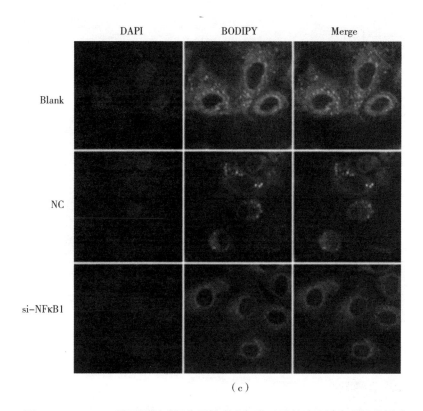

（c）

图3－20 *NFκB*1 基因抑制对奶牛乳腺上皮细胞三酰甘油合成和分泌的影响
注:(a)三酰甘油的标准曲线;(b)培养液中三酰甘油含量的测定
(数据用"平均值±标准误"表示,实验重复3次;与阴性对照组相比,
*表示 $P<0.05$,无*表示 $P>0.05$);(c)脂滴的 BODIPY 染色,
亮圆形为 BODIPY 标记的脂滴,暗圆形为 DAPI 标记的细胞核

3.4.3.4 *NFκB*1 基因抑制对奶牛乳腺皮细胞乳糖分泌的影响

干扰片段转染48 h 后收集细胞培养液,结果见图3－21。与空白对照组和阴性对照组相比,*NFκB*1 抑制组培养液中乳糖的含量明显降低($P<$ 0.05)。

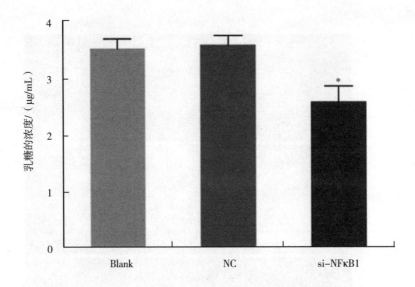

图 3 – 21 $NF\kappa B1$ 基因抑制对奶牛乳腺上皮细胞乳糖分泌的影响

注:数据用"平均值 ± 标准误"表示,实验重复 3 次;

与阴性对照组相比,* 表示 $P < 0.05$,无 * 表示 $P > 0.05$

3.4.4 $NF\kappa B1$ 基因抑制对奶牛乳腺上皮细胞增殖的影响

干扰片段转染 48 h 后制备细胞爬片,利用 kFluor488 Click – iT EdU 成像检测试剂盒检测各实验组的细胞增殖情况,结果见图 3 – 22。与空白对照组和阴性对照组相比,$NF\kappa B1$ 抑制后 EdU 标记的细胞核明显减少,说明 $NF\kappa B1$ 基因干扰后能够显著抑制奶牛乳腺上皮细胞的细胞增殖。

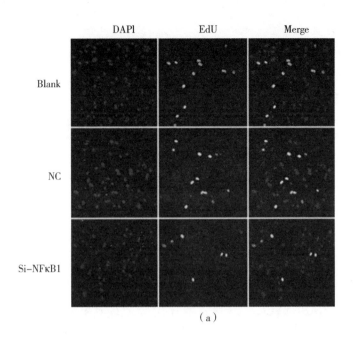

（a）

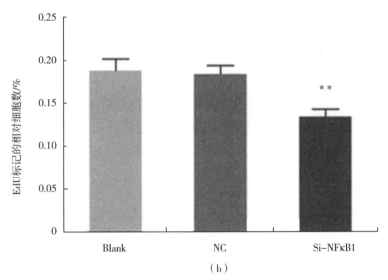

（b）

图 3 - 22　*NFκB*1 基因抑制对奶牛乳腺上皮细胞增殖的影响

注：（a）免疫荧光检测 *NFκB*1 基因抑制后 EdU 标记的增殖细胞的细胞核，
蓝色（暗点）为 DAPI 标记的细胞核，绿色（亮点）为 EdU 标记的增殖细胞的细胞核；
（b）EdU 标记的相对细胞数（数据用"平均值 ± 标准误"表示，实验
重复 3 次；与阴性对照组相比，无 * 表示 $P > 0.05$，** 表示 $P < 0.01$）

3.5 染色质免疫沉淀分析 NFκB1 与乳合成及细胞增殖相关靶基因启动子的结合

3.5.1 NFκB1 与靶基因启动子结合位点的预测

NFκB1 结合核酸的特有序列(κB 位点)的通式为:5′ – GGGRNNYYCC – 3′或 5′ – HGGARNYYCC –3′(通式中 H 代表 A、C 或 T,R 代表 G 或 A,Y 代表 C 或 T,N 代表任意碱基)。

根据生物信息学分析与乳合成及细胞增殖相关的包括 *mTOR*、*SREBP – 1c*、*β4GalT2* 和 *Cyclin D1* 在内的 4 个基因转录起始位点上游 2 000 bp 启动子区域内符合 κB 序列通式的可能的 κB 位点。预测的 κB 位点见图 3 – 23。按照 κB 位点通式,每个靶基因选择与 κB 位点通式相似度最高的 2 个预测位点。

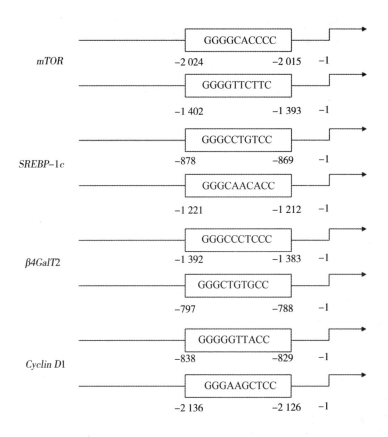

图 3 - 23　预测的 NFκB1 与靶基因启动子结合位点

3.5.2　染色质免疫沉淀检测 NFκB1 与靶基因启动子的结合

以 p - NFκB1 作为一抗,进行 ChIP。每个 NFκB1 靶基因的 ChIP 样品分别用 2 对特异性引物进行 PCR。若 PCR 结果出现目的条带,说明 p - NFκB1 与该靶基因的启动子结合。实验分组包括:阳性对照组(PC),用 RNA 聚合酶Ⅱ作为阳性对照抗体富集 GAPDH 启动子 DNA,有助于确保成功优化和采用实验方案;阴性对照组(NC)是正常小鼠 IgG,作为免疫球蛋白与染色质的非特异性结合的对照以及实验组。

　　DNA 超声处理前后的琼脂糖凝胶电泳检测结果见图 3 – 24。交联的 DNA 超声后经解交联通过琼脂糖凝胶电泳可以看到 DNA 大部分在 200 ~ 2 000 bp 范围内,呈弥散状分布。超声条件优化后,大部分 DNA 片段集中在 250 ~ 500 bp 之间。

　　ChIP – PCR 结果见图 3 – 25。PC 组中,出现阳性条带,说明 RNA 聚合酶 II 能够结合 GAPDH 基因的启动子。NC 组中未出现非特异性条带,表明 ChIP 实验体系与操作流程基本正确,可用于检测 p – NFκB1 与靶基因启动子的结合。每个 p – NFκB1 靶基因启动子区域均预测了 1 对与 p – NFκB1 可能结合的 κB 位点并用不同的特异性引物进行 ChIP – PCR,ChIP – PCR 结果见图 3 – 25。实验结果显示,*mTOR*、*SREBP* – 1*c*、*β4Gal* – *T*2 和 *Cyclin D*1 启动子区域均有 1 个 κB 位点在 ChIP – PCR 中出现阳性条带,说明 p – NFκB1 确实与它们的启动子结合。p – NFκB1 通过调控这些靶基因的转录,进而影响奶牛乳腺上皮细胞的乳合成及细胞增殖。

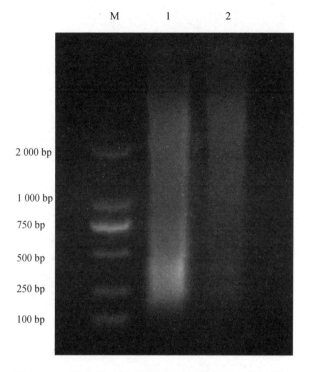

图 3 - 24 DNA 超声处理前后的琼脂糖凝胶电泳检测

注:M 为 DNA Marker,1 为优化后超声破碎的 DNA 条带,

2 为优化前超声破碎的 DNA 条带

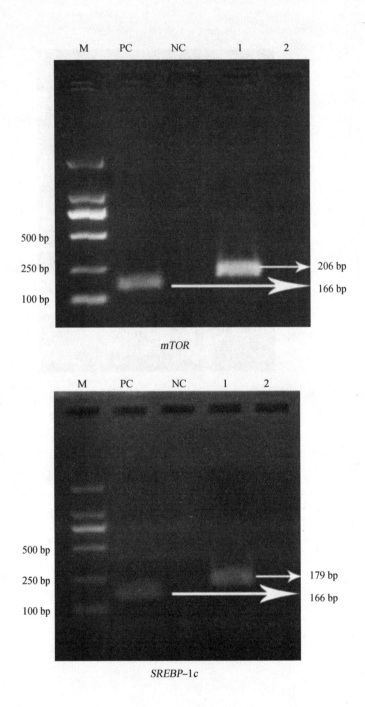

mTOR

SREBP-1*c*

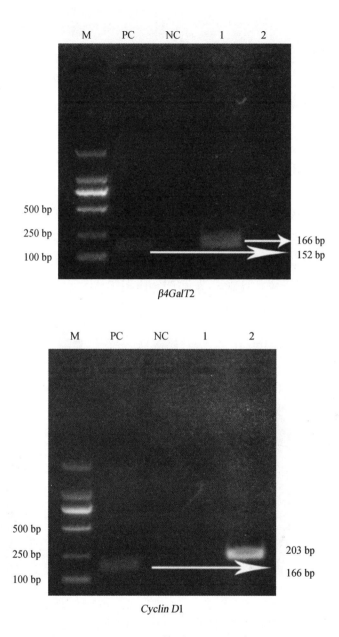

图 3 – 25   ChIP – PCR 检测 p – NFκB1 与 *mTOR*、
SREBP – 1*c*、*β4GalT*2 和 *Cyclin D*1 启动子的结合
注:M 为 DNA Marker,PC 为阳性对照,
NC 为阴性对照,1~2 为靶基因启动子 PCR 产物

3.5.3 ChIP 分析添加甲硫氨酸、雌激素后 NFκB1 与靶基因启动子的结合

实验分为空白对照组、甲硫氨酸处理组和雌激素处理组。甲硫氨酸、雌激素处理 24 h 后,收集细胞样品,用 p – NFκB1 作为一抗进行 ChIP。用 ChIP 最终获得的样品作为 DNA 模板,进行 qRT – PCR,实验结果见图 3 – 26。添加甲硫氨酸、雌激素后,p – NFκB1 对其靶基因 *mTOR*、*SREBP* – 1c、*β4GalT2* 和 *Cyclin D*1 的富集倍数显著增加。由此说明,甲硫氨酸、雌激素通过激活 NFκB1 对靶基因启动子的结合,促进 NFκB1 对靶基因的转录调控。

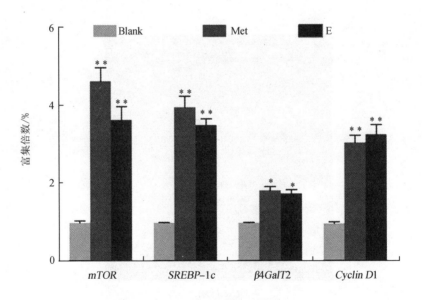

图 3 – 26 ChIP – qPCR 检测添加甲硫氨酸、
雌激素后 p – NFκB1 与靶基因启动子的结合
注:数据用"平均值 ± 标准误"表示,实验重复 3 次;
与空白对照组相比,* 表示 $P < 0.05$,** 表示 $P < 0.01$

3.6　NFκB1 接受甲硫氨酸、雌激素调控乳合成及细胞增殖的机理研究

3.6.1　PI3K 和 mTOR 抑制剂的最佳浓度筛选及其对 NFκB1 表达的影响

实验分为空白对照组、PI3K 抑制剂或 mTOR 抑制剂处理组。PI3K 抑制剂(Wortmannin)分别以 100 nmol/L、200 nmol/L、300 nmol/L 和 400 nmol/L 的终浓度梯度作用于奶牛乳腺上皮细胞,mTOR(雷帕霉素)分别以 2 nmol/L、4 nmol/L、6 nmol/L 和 8 nmol/L 的浓度梯度作用于奶牛乳腺上皮细胞。抑制剂作用 24 h 后收集细胞样品,Western - blotting 分别检测 Wortmannin 和 mTOR(雷帕霉素)的抑制效果及其对 NFκB1 表达的影响。其中,p - Akt 作为 Wortmannin 抑制效果的检测指标,p - S6K1 作为雷帕霉素抑制效果的检测指标。

实验结果见图 3 - 27,在 Wortmannin 处理的各实验组中,Akt 蛋白表达无明显变化,而 p - Akt 在 400 nmol/L Wortmannin 处理下蛋白表达显著降低,说明 400 nmol/L 是 Wortmannin 发挥抑制作用的最佳浓度。在 400 nmol/L Wortmannin 的作用下,NFκB1 和 p - NFκB1 的表达量均明显降低。

在雷帕霉素处理的各实验组中,S6K1 的蛋白表达量无明显变化,而 p - S6K1 在 6 nmol/L 和 8 nmol/L 的雷帕霉素作用下,其蛋白表达量显著降低。mTOR 和 p - mTOR 在 8 nmol/L 雷帕霉素的作用下表达量有所下降,但差异并不明显。因此,8 nmol/L 可作为雷帕霉素发挥抑制作用的最佳浓度。此外,在 8 nmol/L 雷帕霉素的作用下,NFκB1 和 p - NFκB1 的蛋白表达量无显著变化。

以上实验结果表明,PI3K 可能是调控和激活 NFκB1 的上游信号分子。

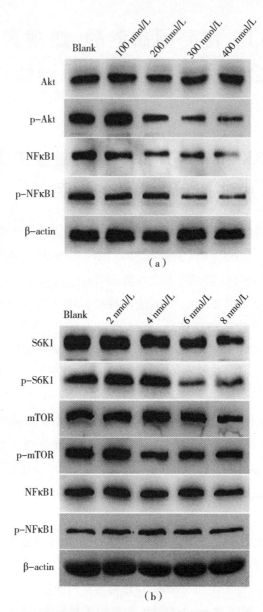

（a）

（b）

图3-27　PI3K 和 mTOR 抑制剂的最佳浓度筛选及其对 NFκB1 表达的影响

注：（a）PI3K 抑制剂的最佳浓度筛选及其对 NFκB1 表达的影响；

（b）mTOR 抑制剂的最佳浓度筛选及其对 NFκB1 表达的影响

3.6.2 添加甲硫氨酸、雌激素并抑制 PI3K 信号 通路后 NFκB1 的表达

实验分为空白对照组、甲硫氨酸处理组、雌激素处理组、Wortmannin 处理组(Wm)、Wortmannin + 甲硫氨酸处理组(Wm + Met)和 Wortmannin + 雌激素处理组(Wm + E)。Wortmannin 处理 2 h 后添加甲硫氨酸和雌激素,24 h后收集细胞样品,Western – blotting 检测 NFκB1 和 p – NFκB1 的表达变化,实验结果见图 3 – 28。添加甲硫氨酸、雌激素后,Akt、p – Akt、NFκB1 和 p –NFκB1 蛋白的相对表达量均显著提高。添加 Wortmannin 并同时添加甲硫氨酸或雌激素处理后,p – Akt 蛋白表达量显著降低,说明 PI3K 信号通路被显著抑制。添加 Wortmannin 并同时添加甲硫氨酸和雌激素后,NFκB1 和 p –NFκB1 的蛋白的相对表达量与 Wortmannin 处理组相比,无明显变化,说明PI3K 信号通路被抑制后,甲硫氨酸、雌激素促进 NFκB1 表达的作用被抑制。由此说明,甲硫氨酸和雌激素通过 PI3K 途径激活 NFκB1。

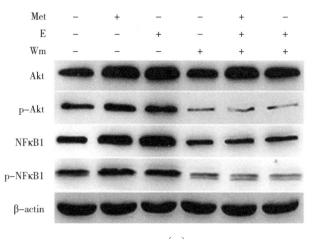

(a)

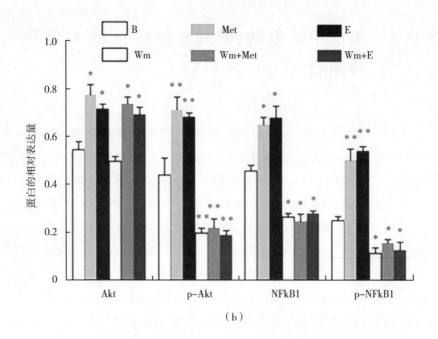

（b）

图 3 – 28　添加甲硫氨酸、雌激素同时抑制 PI3K 信号通路后 NFκB1 的表达

注：(a) Western – blotting 检测添加甲硫氨酸、

雌激素同时抑制 PI3K 信号通路后相关蛋白的表达；

（b）灰度分析（数据用"平均值 ± 标准误"表示，实验重复 3 次；

与空白对照组相比，* 表示 $P < 0.05$，** 表示 $P < 0.01$，无 * 表示 $P > 0.05$）

3.7　*GlyRS* 介导氨基酸和激素调节 NFκB1 的机理研究

3.7.1　过表达 *GlyRS*、干扰 *NFκB1* 后 *NFκB1* 靶基因蛋白的表达

实验分为 GlyRS 空载体 + 阴性对照组（EV + NC）、GlyRS 过表达 + 阴性对照组、转 GlyRS 空载体 + NFκB1 干扰组和 GlyRS 过表达 + NFκB1 干扰组。转染后 48 h 收集细胞，制备蛋白样品，Western - blotting 检测 GlyRS、p - GlyRS、NFκB1、p - NFκB1、mTOR、p - mTOR、SREBP - 1c 和 Cyclin D1 的蛋白水平，实验结果见图 3 - 29。*GlyRS* 过表达后，GlyRS、p - GlyRS 蛋白表达量显著升高。此时，NFκB1、p - NFκB1、mTOR、p - mTOR、SREBP - 1c、Cyclin D1 蛋白水平也升高。当 GlyRS 过表达同时干扰 NFκB1 时，NFκB1、p - NFκB1、mTOR、p - mTOR、SREBP - 1c、Cyclin D1 的蛋白表达水平与转 GlyRS 空载体 + NFκB1 干扰组相比，无显著变化。实验结果表明，GlyRS 作为 NFκB1 的上游信号分子，主要通过调控 NFκB1 的表达，进而调节 *mTOR*、*SREBP - 1c* 和 *Cyclin D*1 基因的表达。

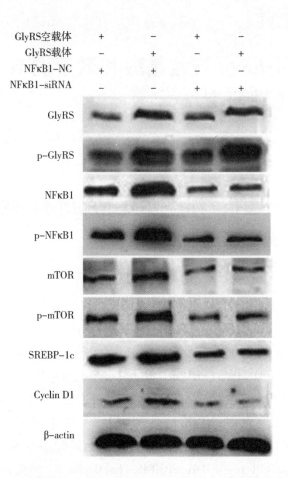

图 3-29 过表达 *GlyRS* 同时干扰 *NFκB*1 后 *NFκB*1 靶基因的表达

3.7.2 添加甲硫氨酸、雌激素同时干扰 *GlyRS* 对 NFκB1 的表达与磷酸化的影响

实验分为空白 + GlyRS - NC 组、甲硫氨酸 + GlyRS - NC 组、雌激素 + GlyRS - NC 组、空白 + GlyRS - siRNA、甲硫氨酸 + GlyRS - siRNA 和雌激素 + GlyRS - siRNA,实验结果见图 3 - 30。甲硫氨酸、雌激素处理并同时转

GlyRS 的 NC 时,GlyRS、p－GlyRS、NFκB1、p－NFκB1 的蛋白表达量与空白＋GlyRS－NC 组相比显著提高。当 *GlyRS* 被干扰后,同时添加甲硫氨酸和雌激素,甲硫氨酸＋GlyRS－siRNA 和雌激素＋GlyRS－siRNA 与空白＋GlyRS－siRNA 相比,GlyRS、p－GlyRS、NFκB1 和 p－NFκB1 的蛋白水平无明显变化。实验结果表明,*GlyRS* 作为 *NFκB1* 的上游信号分子正向调控 *NFκB1* 的表达,并介导了甲硫氨酸和雌激素促进 NFκB1 磷酸化的作用。

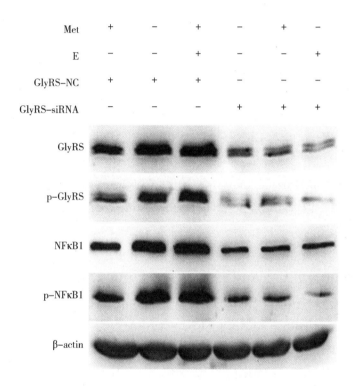

图 3－30　添加甲硫氨酸、雌激素同时干扰 GlyRS 后 NFκB1 的表达

3.7.3 干扰 *GlyRS* 同时干扰 *GCN2* 对 NFκB1 的 表达与磷酸化的影响

GCN2 干扰片段的筛选见图 3 – 31。在 *GCN2* 3 条干扰片段中,GCN2 – siRNA – 3 在转染后 36 h 和 48 h,*NFκB1* 表达水平最低,因此选择 GCN2 – siRNA – 3 为最佳干扰片段。最佳干扰时间为转染后 36 h 或 48 h。由于 *GlyRS* 干扰片段的最佳干扰时间为转染后 48 h,因此在 *GlyRS* 和 *GCN2* 干扰片段的共转染实验中,转染后 48 h 收取蛋白样品,用于后续 Western – blotting的检测。

Western – blotting 结果见图 3 – 31。单独干扰 *GlyRS* 后,GlyRS – siRNA + GCN2 – NC 与 GlyRS – NC + GCN2 – NC 组相比,GlyRS 和 p – GlyRS 蛋白相对表达量显著降低;单独干扰 *GCN2* 后,GlyRS – NC + GCN2 – siRNA 组和GlyRS – siRNA + GCN2 – siRNA 组中 GCN2、p – GCN2 蛋白相对表达量均显著下降。以上实验结果表明,*GlyRS* 和 *GCN2* 的干扰效果明显,可用于本实验其他信号分子的检测。当单独干扰 *GCN2* 时,NFκB1、p – NFκB1 的蛋白相对表达量与 GlyRS – NC 和 GCN2 – NC 组相比有所上升,说明 *GCN2* 被抑制后,会促进 NFκB1 的表达。GlyRS – NC + GCN2 – siRNA 组和 GlyRS – siRNA + GCN2 – siRNA 组相比,NFκB1 的相对蛋白表达量无显著差别。值得注意的是, GlyRS – siRNA + GCN2 – siRNA 组与 GlyRS – NC + GCN2 – siRNA组相比,p – NFκB1 的蛋白表达量显著降低。以上实验结果表明, *GlyRS* 促进 NFκB1 磷酸化的作用与 GCN2 途径和 *NFκB1* 基因自身表达无关。

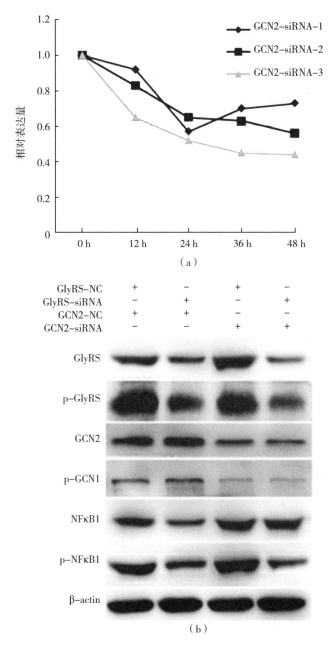

图 3 − 31　干扰 GlyRS 同时干扰 GCN2 后 NFκB1 的表达

注:(a) GCN2 最佳干扰片段和最佳干扰时间的筛选;

(b) 干扰 GlyRS 同时干扰 GCN2 后 NFκB1 的表达

第4章

讨 论

4.1 奶牛乳腺上皮细胞的原代培养、纯化与鉴定

乳腺上皮细胞(mammary epithelial cells, MECs)是哺乳动物乳腺组织完成泌乳的细胞单元。乳腺上皮细胞能够利用血液中的各种营养物质(氨基酸、糖类和脂类等小分子)为原料,合成乳蛋白、乳糖和乳脂等基本乳成分并在细胞内生成乳汁,随后分泌到腺泡腔,此过程称为乳的分泌。乳的分泌包括泌乳启动和泌乳维持两个过程,这两个过程均受到一系列特定激素的调节。泌乳启动是指乳腺器官由非泌乳状态向泌乳状态转变的功能性变化过程,即 MECs 由未分泌状态转变为分泌状态所经历的细胞学变化过程。泌乳启动一般分为两个阶段:第一阶段发生在妊娠后期,乳腺开始分泌少量乳汁特有成分,如酪蛋白和乳糖;第二阶段伴随分娩的发生,乳腺大量分泌乳汁的起始阶段。泌乳启动后,乳腺能在相当长的一段时间内进行泌乳,此为泌乳维持。

乳腺上皮细胞伴随乳腺组织历经青春期、妊娠期、泌乳期和退化期等发育阶段。在乳腺组织不同发育时期,乳腺上皮细胞能够接受营养素、激素等外源刺激,调节细胞增殖、分化和细胞命运决定等多种细胞生物学过程。因此,乳腺上皮细胞是研究人或动物乳腺生长、发育及泌乳等细胞信号转导途径及基因表达调控的良好体外模型,同时也是研究正常乳腺上皮细胞、增生细胞及乳腺癌细胞的表型变化和分子特征的重要手段。

乳腺组织取材方便,在 20 世纪 70 年代乳腺上皮细胞的原代培养获得成功,并建立了可进行传代的正常乳腺上皮细胞系。组织块培养法和胶原酶消化法是目前获取原代乳腺上皮细胞的主要方法。部分国外研究者还通过对乳汁进行密度梯度离心获得脱落在乳汁中的上皮细胞或细胞团。组织块

培养法操作简单,获得的乳腺上皮细胞活力高且增殖旺盛,但细胞从组织块爬出所需时间较长,因此培养周期较长。本书根据 Zhao 等人、Hu 等人建立的组织块培养法对奶牛乳腺上皮细胞进行原代培养。在培养过程中,成纤维细胞等结缔组织细胞最先从组织块周围爬出,乳腺上皮细胞随后出现,两种细胞接下来处于混合生长状态。待培养瓶底部长满乳腺上皮细胞和成纤维细胞后,用胰蛋白酶对细胞进行消化处理。由于成纤维细胞对胰蛋白酶的敏感度比乳腺上皮细胞高,因此用胰蛋白酶处理后,成纤维细胞会最先被消化下来以达到纯化目的。按照此方法纯化 2~3 次后,可获得单一的、用于后续泌乳生物学研究的乳腺上皮细胞。

胶原酶消化法利用胶原酶的消化作用分散细胞,然后将消化处理后的混合物用滤网过滤,通过离心去除消化液中 DNA 纤维、组织及细胞碎片等杂质,以获得乳腺上皮细胞。胶原酶消化法通过消化乳腺组织中的细胞间质,使结缔组织疏松从而使乳腺上皮细胞从组织中脱离下来。与组织块培养法相比,胶原酶消化法的培养周期较短,但消化过程容易染菌并且消化时间很难掌握。若消化时间过短,消化下来的乳腺上皮细胞较少;若消化时间过长,会对细胞膜造成损伤并且可能破坏细胞膜表面受体蛋白,影响细胞贴壁及发挥正常的细胞信号转导功能。

需要注意的是,随着乳腺上皮细胞传代次数的增加,细胞会逐渐衰老并伴随细胞活力和泌乳能力的下降,因此为了确保乳腺上皮细胞良好的泌乳功能,以及对药物刺激的敏感性,更真实地反映动物体内正常生理条件下的泌乳信号转导通路,乳腺上皮细胞的传代次数应尽量控制在 10 代以内,此时细胞增殖旺盛且具有较强的泌乳能力,适用于转染及药物处理(如添加氨基酸或激素等)的研究。

在光学显微镜下,纯化的奶牛乳腺上皮细胞形态均一,表面光泽,呈椭圆形或鹅卵石状,排列紧密。纯化后的乳腺上皮细胞,利用免疫荧光染色法对上皮细胞特异性表达的标志性蛋白 CK18 进行检测。在乳腺上皮细胞中,CK18 的表达呈阳性,而成纤维细胞的表达呈阴性。此外,对纯化后的奶牛乳腺上皮细胞中 β – casein 的表达进行了免疫荧光检测,以此作为乳腺上皮细胞是否具有泌乳能力的标准。实验结果表明,纯化后的乳腺上皮细胞的 β – casein 的表达呈阳性,说明具有泌乳能力,而 β – casein 在成纤维细胞中的表达呈阴性。

以上实验结果表明,本书的研究利用组织块培养法分离、纯化出的奶牛乳腺上皮细胞是单一的,具有泌乳能力的上皮细胞。可利用纯化的乳腺上皮细胞用于后续的泌乳生物学相关研究。

4.2 添加甲硫氨酸、雌激素后 NFκB1 的表达与定位

在研究某一基因的泌乳功能和泌乳调控分子机理的过程中,建立一个具有良好泌乳能力的体外细胞培养模型是十分必要的。与正常培养的乳腺上皮细胞相比,泌乳模型中的乳腺上皮细胞应具有明显增强的泌乳能力。

氨基酸既是参与乳蛋白合成的重要前体物质,同时又可以作为信号分子调控基因的表达。王佳丽等人通过双向电泳、质谱鉴定等蛋白质组学研究方法在甲硫氨酸处理的奶牛乳腺上皮细胞中筛选出 5 种与对照组相比差异表达显著的蛋白,编码这些蛋白的基因的主要功能涉及氨基酸转运、能量代谢和细胞骨架构建等。甲硫氨酸已被证实是影响乳蛋白合成的第一限制性氨基酸。Huang 等人、Yu 等人的研究结果表明,在培养液中添加 0.6 mmol/L 甲硫氨酸能够显著上调奶牛乳腺上皮细胞中 mTOR、STAT5A 和 β - casein 的表达,并且明显提高其细胞活力和细胞增殖。Qi 等人报道了甲硫氨酸通过 SNAT - PI3K 途径调控奶牛乳腺上皮细胞乳蛋白和乳脂的合成以及细胞增殖。还有相关研究指出,甲硫氨酸能够促进奶牛乳腺上皮细胞内脂肪酸摄取和从头合成相关基因以及乳脂合成相关基因 *SREBP*1 和 *PPARγ* 的表达进而提高乳脂的合成。Huo 等人的研究结果表明,PURB (purine - rich element binding protein B)能够应答外源甲硫氨酸和亮氨酸等氨基酸信号,调节奶牛乳腺上皮细胞乳蛋白和乳脂的合成。Luo 等人报道了 GlyRS 介导氨基酸激活 mTOR - S6K1/4EBP1 信号通路进而调控乳蛋白和乳脂的合成。Yu 等人进一步研究发现,GlyRS 应答氨基酸信号后入核并发生

分子剪切。GlyRS 分子剪切后形成的 C 端肽段在细胞核中与 NFκB1 结合并促进其磷酸化。该报道还证实了 GlyRS 介导甲硫氨酸参与抑制奶牛乳腺上皮细胞的自噬。

雌激素是一类重要的类固醇激素,通过与胞内相应受体结合启动靶基因转录等一系列生物学效应,促进细胞增殖、分化以及维持机体正常的生理机能,在乳腺生长发育和泌乳过程中发挥重要的调节作用。黄建国等人、Khudhair 等人的研究结果表明,在培养液中添加浓度为 2.72×10^{-2} μg/L 的雌激素能够显著提高奶牛乳腺上皮细胞的细胞活力、β – casein 和三酰甘油的分泌量。

本书的研究在体外添加甲硫氨酸和雌激素对奶牛乳腺上皮细胞进行处理,qRT – PCR 和 Western – blotting 结果显示,与空白对照组相比,甲硫氨酸处理组和雌激素处理组中 NFκB1 的相对表达量显著升高,p – NFκB1 水平明显提高。免疫荧光结果进一步显示,添加甲硫氨酸、雌激素能够显著促进 NFκB1 的入核及其磷酸化。研究结果表明,NFκB1 可能是介导甲硫氨酸和雌激素促进奶牛乳腺上皮细胞乳合成和细胞增殖的重要调节因子。本书的研究通过在细胞培养液中添加甲硫氨酸或雌激素成功建立 2 个添加氨基酸和激素的泌乳模型用于后续目的基因的泌乳功能鉴定和泌乳调控分子机理的研究。此外,Yu 等人利用牛磺酸(taurine)处理奶牛乳腺上皮细胞,发现牛磺酸通过 GPR 87 – PI3K – SETD1A 途径显著促进乳腺细胞乳蛋白和乳脂的合成。因此,体外添加牛磺酸也可作为一种建立泌乳模型的新方法。

4.3　NFκB1 对奶牛乳腺上皮细胞乳合成
及细胞增殖的影响

4.3.1　NFκB1 对奶牛乳腺上皮细胞乳合成的影响

目前,mTOR 信号通路是公认的调控乳蛋白的重要信号通路。mTOR 信号通路能够广泛接受各种外源信号刺激,通过调节其下游的 2 个靶基因 S6K1 和 4E – BP1 在翻译水平上调控乳蛋白的合成。Zhang 等人的研究结果表明,GSK3β(glycogen synthase kinase 3β) 能够通过 mTOR/S6K1 信号通路调节奶牛乳腺上皮细胞的乳合成和细胞增殖。Burgos 等人报道了 IGF – 1 (insulin – like growth 1) 在奶牛乳腺上皮细胞中通过 mTORC1 信号通路调节蛋白质的合成。IGF – 1 通过增强 eIF4E 和 eIF4G 的结合以及降低 eIF4E 与它的抑制蛋白 4E – BP1 的结合来促进乳蛋白的合成。此外,IGF – 1 可通过激活 PI3K – Akt 途径,磷酸化 TSC2 和 PRAS40 等解除对 mTORC1 的抑制作用,从而激活 mTORC1 信号途径。Zhang 等人的研究结果表明,AnxA2 (annexin A2) 通过 mTOR 信号通路正向调节奶牛乳腺上皮细胞的乳合成和细胞增殖。本课题组最新研究成果发现了一些参与乳蛋白合成调节的重要功能基因。Zhang 等人研究揭示了 Tudor – SN(Tudor staphylococcal nuclease) 通过 JNK 介导的磷酸化而被激活,进而参与奶牛乳腺上皮细胞乳蛋白的合成。Yuan 等人报道了 NUCKS1 (nuclear ubiquitous casein and cyclin – dependent kinase substrate 1) 通过 mTOR 信号通路调节奶牛乳腺上皮细胞乳蛋白的合成及细胞增殖。

SREBP – 1c 主要参与调节脂肪酸和三酰甘油的合成。SREBP – 1c 通过核转位与靶基因上的 SREBP 应答元件 SRE 结合,激活脂肪合成相关基因的表达。Li 等人的研究结果表明,SREBP – 1c 能够通过正向调控 ACC、FAS、

SCD 和 PPARγ 等对奶牛乳腺上皮细胞中乳脂的合成发挥重要的调节作用，SREBP－1c 的表达还受硬脂酸和血清的调节。此外，SREBP1 还受 mTORC1 信号途径的调节。Porstmann 等人报道了 mTORC1 通过激活 SREBP1 调控脂质合成。研究结果表明，雷帕霉素能够抑制 Akt 介导的 SREBP1 的表达以及入核，抑制了脂肪合成基因的表达和脂质的生成。Raptor 基因敲除显示出相同的抑制效应，研究结果表明，SREBP1 的激活主要依赖于 mTORC1。Mauvoisin 等人报道了在肝脏中胰岛素能够通过激活 PI3K－mTOR 信号通路及其下游转录因子 SREBP1 调控 *SCD*1（stearoyl－CoA desaturase 1）基因的表达。Li 等人报道了 FABP5（fatty acid－binding protein 5）能够应答胞外的甲硫氨酸和雌激素信号，通过调控 SREBP－1c 的表达进而调节奶牛乳腺上皮细胞乳脂的合成。

β4GalT 是组成乳糖合成酶的重要亚基之一。在课题组前期细胞质中磷酸化 GlyRS 的质谱鉴定结果中发现，β4GalT2 在细胞质中与 GlyRS 存在相互结合。GlyRS 已被证明是奶牛乳腺上皮细胞中调控乳蛋白合成的重要信号分子。课题组在后续研究中发现，GlyRS 还能够促进奶牛乳腺上皮细胞中乳糖的合成与分泌。*GlyRS* 基因过表达和抑制能够显著促进或抑制 *β4GalT*2 的 mRNA 表达。在本书的研究中，*β4GalT*2 的 mRNA 水平在添加甲硫氨酸和雌激素后显著提高。后续研究证实 *β4GalT*2 是 NFκB1 的下游靶基因，自身启动子含有与 NFκB1 结合的 κB 位点，能够受到 NFκB1 在转录水平上的调控。甲硫氨酸和雌激素等外源信号通过激活 NFκB1 正向调节 *β4GalT*2 的表达，从而促进奶牛乳腺上皮细胞乳糖的合成与分泌。

在本书的研究中，通过检测 mTOR、SREBP－1c、β4GalT2 和 β－casein 的表达作为衡量奶牛乳腺上皮细胞合成乳蛋白、乳脂和乳糖能力的标准。对 *NFκB*1 进行基因过表达和干扰，qRT－PCR 和 Western－blotting 结果显示，NFκB1 能够正向调控 mTOR、SREBP－1c 等信号分子以及 β－casein 和 β4GalT2 的表达水平。此外，*NFκB*1 基因过表达后，奶牛乳腺上皮细胞分泌三酰甘油和乳糖的水平明显上调，增殖能力也显著提升。而 *NFκB*1 基因抑制后，其结果与之相反。*NFκB*1 基因过表达和干扰后，对胞内脂滴进行 BODIPY 染色，实验结果与上述三酰甘油检测结果一致。以上研究结果表明，NFκB1 能够正向调控奶牛乳腺上皮细胞的乳合成。

4.3.2 NFκB1 对奶牛乳腺上皮细胞增殖的影响

乳腺的泌乳伴随有乳腺组织的发育以及乳腺细胞的增殖,因此影响乳腺泌乳的信号分子往往与细胞增殖有关。Baldwin 等人曾报道,在小鼠成纤维细胞中 NFκB 能够促进 G0 期到 G1 期的转换。NFκB 在调节细胞增殖以及细胞进程转换方面的作用已在骨肉瘤细胞、小鼠乳腺细胞及人乳腺癌细胞中得到证实。EdU(5 – Ethynyl – 2' – deoxyuridine)是一种胸腺嘧啶核苷类似物,在细胞增殖期能够代替胸腺嘧啶(T)渗入正在复制的 DNA 分子中,通过基于 EdU 与 Apollo©荧光染料的特异性反应快速检测细胞 DNA 复制活性。本实验通过 EdU 增殖检测试剂盒检测了 *NFκB*1 基因过表达和抑制对奶牛乳腺上皮细胞增殖的影响。实验结果表明,*NFκB*1 基因过表达和抑制能够显著促进或降低奶牛乳腺细胞的增殖能力。

细胞周期调控蛋白 Cyclin D1 是调控 G1 期启动的关键蛋白,能够正向调控细胞周期检测点 G1/S 期的转换。Cyclin D1 通过特异性结合并激活细胞周期蛋白依赖性激酶 4(CDK4),磷酸化 G1 期抑制蛋白(Rb),最终促进细胞周期进程的相关基因的转录,推动 G1 期到 S 期的转换,进而促进细胞增殖。本书的 qRT – PCR 和 Western – blotting 结果显示,NFκB1 能够正向调控 *Cyclin D*1 的表达,进而影响奶牛乳腺上皮细胞的增殖。在后续研究中证实,*Cyclin D*1 是 NFκB1 的下游靶基因,其自身启动子区域含有 κB 结合位点。NFκB1 通过 κB 结合位点与 *Cyclin D*1 的启动子结合,在转录水平调控其表达。

4.3.3 NFκB1 对 IκBα 表达的影响

在本书中,添加甲硫氨酸和雌激素以及过表达 *NFκB*1 能够上调 IκBα 的表达,而 p – IκBα 的表达水平却下调,但差异不显著($P > 0.05$)。*NFκB*1 基因抑制后,IκBα 的表达水平下降,而 p – IκBα 的表达水平显著上调。Brown 等人曾报道,*IκBα* 基因启动子中包含 NFκB 结合位点,NFκB 的激活能够诱导 *IκBα* 基因表达迅速上调,新合成的 IκBα 又反过来抑制了 NFκB 活性。

NFκB 与 IκBα 之间存在的这种负反馈调节机制保证了细胞在没有持续激活信号存在的前提下,保证了 NFκB 活性的及时终止,以维持细胞内环境的稳态。

在本书中,添加甲硫氨酸、雌激素以及 *NFκB*1 基因过表达后,NFκB1 的表达水平显著提高,促进其与 *IκBα* 启动子的结合,使 *IκBα* 的表达水平上调。当 *IκBα* 表达水平上调后又会反过来抑制 NFκB1 的活性。此外,根据实验结果猜测:当 *NFκB*1 基因过表达后,细胞内的 p - IκBα 一部分发生降解或可能通过某种机制转化为 IκBα,用于结合细胞内过量表达的 NFκB1,因此 p - IκBα 的表达水平表现为下调;当 NFκB1 抑制后,未与 NFκB1 结合的 IκBα 可能磷酸化后降解,导致 p - IκBα 表达略微上调。后续实验需要进一步验证这一猜测。

4.4 NFκB1 对靶基因表达的调控

NFκB 作为广泛存在于真核细胞的核转录因子,能够调控多种基因的转录。*NFκB*1 基因过表达和干扰实验结果显示,NFκB1 能够正向调控与奶牛乳腺上皮细胞乳合成和细胞增殖相关基因 *mTOR*、*SREBP - 1c* 和 *Cyclin D*1,以及乳糖合成相关基因 *β4GalT*2 的表达。因此,猜测 NFκB1 与它们的启动子可能存在相互结合。真核生物基因组 DNA 以染色质的形式存在,因此研究蛋白质在染色质环境下的相互作用是阐明真核生物基因表达机制的基本途径。ChIP 通过固定处于正常状态或药物处理后的细胞,交联胞内的染色质和蛋白质,并将其随机切断为一定长度范围内的染色质小片段,然后经免疫沉淀特异性富集与目的蛋白结合的 DNA 片段,最后对目的片段进行纯化与检测,从而获得蛋白质与 DNA 相互作用的信息。

在课题组前期研究中已经证实,NFκB1 通过与 *β - casein* 的启动子结合,促进奶牛乳腺上皮细胞乳蛋白的表达。利用生物信息学手段对 *mTOR*、*SREBP - 1c*、*β4GalT*2 和 *Cyclin D*1 的转录起始位点上游 2 000 bp 的启动子区域进行分析,预测这些基因的启动子中可能含有与 NFκB 相互作用的结合位点(κB 序列)。选择每个基因启动子区域内与 κB 序列通式 GGGRNNYYCC（其中 R 为嘌呤碱基,Y 为嘧啶碱基,N 为任意碱基)相似度最高的两个位点,在其上下游设计特异性引物,然后用 p - NFκB1 作为一抗进行 ChIP。将沉淀下来的 DNA 序列作为模板,用设计好的特异性引物进行 ChIP - PCR 验证。实验结果中,每个基因均有 1 对特异性引物通过 PCR 扩增出阳性条带,且条带大小与预期扩增片段大小一致。实验结果表明,NFκB1 与 *mTOR*、*SREBP* - 1*c*、*β4GalT*2 和 *Cyclin D*1 等基因的启动子序列存在相互结合。接下来,添加甲硫氨酸、雌激素处理后进行 ChIP,将沉淀下来的 DNA 序列作为模板进行 ChIP - qPCR。qPCR 实验结果表明,添加甲硫氨酸、雌激素后,p - NFκB1 与靶基因启动子的结合量(富集倍数)显著升高。

以上实验结果结合 3.2.1 中添加甲硫氨酸、雌激素后 qRT - PCR 结果表明,NFκB1 接受甲硫氨酸、雌激素的外源刺激后,通过与 *mTOR*、*SREBP* - 1*c*、*β4GalT*2 和 *Cyclin D*1 启动子的结合,正向调控奶牛乳腺上皮细胞的乳合成和细胞增殖。Ao 等人研究发现,甲硫氨酸和雌激素引发 NFκB1 分别与 *STAT5A* 和 *Tudor* - *SN* 的启动子结合并促进奶牛乳腺上皮细胞乳蛋白的合成,其研究中调控乳蛋白合成的分子机制与本书的研究相似。

4.5 甲硫氨酸、雌激素通过 PI3K 途径激活 NFκB1

众所周知,很多外源信号如促有丝分裂生长因子、细胞能量水平和氨基酸等能够通过对 mTORC1 活性的调节来控制细胞的生长。mTORC1 通过促进细胞代谢如蛋白质合成或抑制细胞的分解代谢如细胞自噬等进程正向调控细胞生长和增殖。氨基酸是激活 mTORC1 的有效激活因子。Kim 等人和 Sancak 等人的研究结果表明,Rag GTPase 是 mTORC1 应答外源氨基酸信号的激活因子。对 *RAG* 基因进行基因敲除后能够有效抑制氨基酸对 mTORC1 的刺激效应。PI3K 途径可分别通过细胞表面的受体酪氨酸激酶(RTK)和 G 蛋白偶联受体(GPCR)接受胞外的氨基酸和激素等外源信号,通过调节细胞生长和凋亡、蛋白质翻译和葡萄糖代谢等以调控多种生物学进程。Tato 等人报道了 PI3K - Akt 信号途径接受氨基酸的外源刺激，分别激活 mTORC1 和 mTORC2 调控细胞增殖与凋亡的分子机制。

为了探究 NFκB1 接受外源信号甲硫氨酸和雌激素的分子机制，应用 PI3K 抑制剂(Wortmannin)和 mTOR 抑制剂(雷帕霉素)分别抑制 PI3K 信号途径和 mTORC1 信号途径。研究结果表明，PI3K 抑制后，NFκB1 和 p - NFκB1 的蛋白相对表达量显著降低，而添加 mTOR 抑制剂后 NFκB1 的相对表达量无显著变化。实验结果表明，NFκB1 的激活与 PI3K 途径有关。在添加甲硫氨酸或雌激素的同时抑制 PI3K 途径的研究中发现，在未添加 PI3K 抑制剂的条件下，甲硫氨酸和雌激素能够显著促进 NFκB1 和 p - NFκB1 的蛋白表达，而添加 PI3K 抑制剂后极大地降低了甲硫氨酸和雌激素对 NFκB1 和 p - NFκB1 蛋白表达的促进作用。研究结果表明，甲硫氨酸和雌激素对 NFκB1 的激活依赖于 PI3K 途径，而不是 mTOR 途径。近年来，已有相关研究指出 PI3K 途径对 NFκB 的激活作用。Ozes 等人报道了在 TNF(tumour necrosis factor)刺激下 PI3K 和 Akt 参与并激活 NFκB 的信号转导途径。Akt 的激活介导了 IKKα 的磷酸化并进一步磷酸化 NFκB 的抑制蛋白 IκBα 的磷酸化，使 NFκB 得以激活。Agarwal 等人的研究结果表明，PI3K - Akt 信号途径异常激活引起 $NF\kappa B$ 和 $\beta - casein$ 的转录表达并导致直肠癌的血管生成与转移。这些报道为本书的结论提供有力依据。

Weichhart 等人曾报道，在人外周血单个核细胞中，mTOR 途径可在脂多糖的刺激下调节炎症反应。当 mTOR 活性受到雷帕霉素的抑制后，可通过 NFκB 促进促炎症因子的表达;而当 mTOR 被激活后，mTOR 通过抑制 NFκB 活性限制免疫反应。在此报道中，mTOR 途径能够负向调控 NFκB 的活性。Lin 等人的研究结果表明，在单核细胞中，添加雷帕霉素可抑制 Rel A(p65) 的活性从而下调相关炎症因子的表达。而在本书中，mTOR 途径抑制后，NFκB1 的表达并未受到影响，即氨基酸和激素对 NFκB1 激活过程并不依赖于 mTOR 途径，分子机制与上述报道略有不同。本书通过 ChIP 已经证实，在 PI3K 应答氨基酸和激素并激活 NFκB1 的过程中，$mTOR$ 作为 NFκB1 下游靶基因，其表达受到 NFκB1 在转录水平上的调控。

4.6 GlyRS 对 NFκB1 的表达与磷酸化的影响

GlyRS 除了氨酰化以外的经典功能外,其非经典功能的重要作用在近年来的研究中备受关注。在课题组前期研究中,陆黎敏等人通过双向电泳等蛋白质组学方法分析了甲硫氨酸和雌激素处理后奶牛乳腺上皮细胞的细胞核磷酸化蛋白质组。研究结果表明,GlyRS 的差异表达与对照组相比十分显著。后续研究进一步证实,GlyRS 通过接收氨基酸信号,正向调节奶牛乳腺上皮细胞的乳蛋白合成和细胞增殖。免疫共沉淀(CoIP)以及质谱鉴定结果共同表明,GlyRS 与 NFκB1 在细胞核中发生相互作用,并且荧光共振能量转移(FRET)验证了 GlyRS 与 NFκB1 之间存在直接的相互作用。研究进一步证实 GlyRS 接收氨基酸信号后在细胞质中发生磷酸化并迅速入核。在细胞核中与 NFκB1 结合,促进磷酸化的 NFκB1 与靶基因启动子的结合。

本书结果表明,过表达 GlyRS 同时干扰 NFκB1 后,下游靶基因 mTOR、SREBP – 1c 和 Cyclin D1 的表达显著降低。结果表明,GlyRS 主要通过 NFκB1 实现对下游靶基因的表达调控。GlyRS 作为 NFκB1 的上游信号分子,其对 NFκB1 表达的正向调节作用在课题组前期研究中已被证实。GlyRS 基因过表达后,NFκB1 的相对表达量显著升高;而 GlyRS 基因干扰后,NFκB1 的相对表达量明显降低。本书还通过添加甲硫氨酸或雌激素同时干扰 GlyRS,发现 NFκB1 和 p – NFκB1 的相对表达量无明显变化,即甲硫氨酸和雌激素对 NFκB 表达与激活的促进作用在干扰 GlyRS 后受到抑制。实验结果表明,GlyRS 介导了外源的甲硫氨酸和雌激素信号对 NFκB1 的激活。

此外,对 GlyRS 和 GCN2 基因同时进行干扰,观察 GlyRS 和 GCN2 对 NFκB1 基因表达和磷酸化的影响。GCN2/eIF2α 途径是真核细胞应答氨基酸缺乏的普遍性机制。GCN2 被干扰后能够促进细胞内整体蛋白质水平的表达。研究结果表明,单独干扰 GlyRS 后,NFκB1 和 p – NFκB1 的蛋白水平均显著降低;当同时干扰 GlyRS 和 GCN2 后,由于 GCN2 的表达受到抑制,

NFκB1 的蛋白相对表达量升高,而此时 p−NFκB1 的蛋白相对表达量并没有随着 NFκB1 相对表达量的升高而升高。本书结果表明,GlyRS 促进 NFκB1 的磷酸化与 GCN2 途径和 NFκB1 基因表达无关。

本课题组工作人员在近期研究工作中发现,氨基酸可能通过 PI3K 途径激活 GlyRS,即 PI3K 可能是 GlyRS 的上游途径。结合本实验研究结果,推测甲硫氨酸或雌激素首先激活 PI3K,进一步激活 GlyRS 从而促进 NFκB1 磷酸化。

此外,课题组成员陈东莹对 GlyRS 和 NFκB1 调节奶牛乳腺上皮细胞的自噬进行了研究。研究结果表明,干扰 GlyRS 后 LC3−Ⅱ(自噬标志性蛋白)的相对表达量显著性增多,即敲低 GlyRS 能够促进奶牛乳腺上皮细胞的细胞自噬。由此推断,GlyRS 与奶牛乳腺上皮细胞的细胞自噬有关。进一步研究结果表明:同时添加海藻糖(自噬增强剂)和甲硫氨酸后,LC3−Ⅱ 的相对表达量降低,说明甲硫氨酸能够抑制海藻糖引起的细胞自噬;而同时添加海藻糖和甲硫氨酸并同时干扰 GlyRS 后,自噬标记性蛋白 LC3−Ⅱ 的相对表达量增多。实验结果表明,GlyRS 介导了甲硫氨酸对奶牛乳腺上皮细胞自噬的负调控作用。此外,NFκB1 过表达和干扰实验结果表明,NFκB1 通过促进奶牛乳腺上皮细胞中 Cyclin D1 的表达负向调控细胞自噬。

4.7　总结

本书分四部分对 NFκB1 调控奶牛乳腺上皮细胞乳合成和细胞增殖及其作用机理进行了系统研究。

第一部分通过建立添加甲硫氨酸、雌激素的泌乳模型确定 NFκB1 与泌乳有关,然后过表达和抑制 NFκB1 基因,对其进行泌乳功能的鉴定,实验结果表明,NFκB1 能够正向调控奶牛乳腺上皮细胞的乳合成和细胞增殖。

第二部分通过 ChIP 分析 NFκB1 与泌乳相关靶基因启动子是否结合。实验结果表明,NFκB1 通过与 mTOR、SREBP−1c、β4GalT2 和 Cyclin D1 的启动子结合,调控乳合成和细胞增殖。此外,添加甲硫氨酸和雌激素能够显著促进 NFκB1 与靶基因启动子的结合。

第三部分对 NFκB1 接受甲硫氨酸和雌激素的信号转导途径进行了研究,通过添加 PI3K 和 mTOR 抑制剂,证实甲硫氨酸和雌激素通过 PI3K 途径激活 NFκB1,进而促进其对靶基因的转录调控。

第四部分对 GlyRS 介导甲硫氨酸和雌激素促进 NFκB1 磷酸化的分子机制进行了研究,实验结果表明,GlyRS 促进 NFκB1 磷酸化不依赖于 GCN2 途径以及 NFκB1 自身基因的表达。GlyRS 作为 NFκB1 的上游信号分子介导了甲硫氨酸和雌激素信号与 NFκB1 之间的信号转导,并且通过正向调控 NFκB1 的表达和磷酸化,调节奶牛乳腺上皮细胞的乳合成和细胞增殖。

第5章

结　　论

本书的研究以体外培养的奶牛乳腺上皮细胞为实验材料,通过系统全面的研究,鉴定了 NFκB1 对乳合成的重要调节作用,并进一步揭示该基因调控奶牛乳腺上皮细胞乳合成和细胞增殖的作用机制。NFκB1 调控奶牛乳腺上皮细胞乳合成和细胞增殖的可能机制见图 5-1。

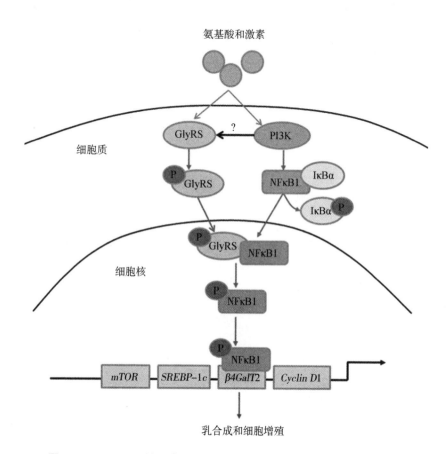

图 5-1 NFκB1 调控奶牛乳腺上皮细胞乳合成和细胞增殖的分子机制

本书得出以下结论:

(1)体外添加甲硫氨酸和雌激素能够上调 NFκB1 基因的表达,并促进其入核和磷酸化。

(2)对 NFκB1 进行基因功能鉴定。通过 NFκB1 基因过表达和干扰实验,揭示 NFκB1 能够正向调节奶牛乳腺上皮细胞乳蛋白、乳脂和乳糖的合成,并促进细胞增殖。

(3)通过 ChIP 实验揭示:NFκB1 通过与 *mTOR*、*SREBP – 1c*、*β4GalT2* 和 *Cyclin D*1 等靶基因启动子的结合,在转录水平上调控这些靶基因的表达以促进奶牛乳腺上皮细胞的乳合成和细胞增殖。

(4)外源甲硫氨酸和雌激素信号能够促进 NFκB1 对 *mTOR*、*SREBP – 1c*、*β4GalT2* 和 *Cyclin D*1 等靶基因启动子的结合,进而促进奶牛乳腺上皮细胞的乳合成和细胞增殖。

(5)甲硫氨酸和雌激素通过 PI3K 途径和/或 GlyRS 激活 NFκB1。

附　　录

附录1　重要缩略语

缩写	英文全称	中文全称
NFκB1	nuclear factor of κB	核因子 κB1
BMECs	bovine mammary epithelial cells	奶牛乳腺上皮细胞
GlyRS	glycyl – tRNA synthetase	甘氨酰 tRNA 合成酶
aaRS	aminoacyl – tRNA synthetase	氨酰 tRNA 合成酶
Met	methionine	甲硫氨酸
E	Estrogen	雌激素
IκB	inhibitor of NFκB	NFκB 抑制剂
IKK	IκB kinase	IκB 激酶
mTOR	mammalian target of rapamycin	哺乳动物雷帕霉素靶蛋白
mTORC1	mTOR complex 1	mTOR 复合体 1
raptor	regulatory associated protein of mTOR	mTOR 调节相关蛋白
SREBP	sterol regulatory element binding protein	固醇调节元件结合蛋白
β4GalT2	β – 1,4 – galactosyltransferase 2	β – 1,4 – 半乳糖苷转移酶 2
PI3K	phosphatidylinositol 3 – kinase	磷脂酰肌醇 3 – 激酶
PIP_2	phosphatidylinositol 4,5 – bisphosphate	磷脂酰肌醇 4,5 – 双磷酸
PIP_3	phosphatidylinositol 3,4,5 – triphosphate	磷脂酰肌醇 3,4,5 – 三磷酸
PKB(Akt)	protein kinase B	蛋白激酶 B

续表

缩写	英文全称	中文全称
S6K1	ribosomal protein S6 kinase 1	核糖体蛋白 S6 激酶 1
eIF4E	eukaryotic initiation factor 4E	真核起始因子 4E
RTK	receptor tyrosine kinase	受体酪氨酸激酶
GPCR	G – protein coupled receptor	G 蛋白偶联受体
GCN2	general control nonderepressible kinase 2	一般性调控阻遏蛋白激酶 2
eIF2α	eukaryotic initiation factor 2α	真核起始因子 2α
RHD	Rel homology domain	Rel 同源结构域
TAD	transactivation domain	转录激活结构域
ANK	ankyrin – repeat motifs	锚蛋白重复序列
ABD	anticodon – binding domain	反密码子结构域
CCD	catalytic central domain	催化核心结构域
NLS	nuclear localization sequence	核定位序列

附录 2　真核表达载体 pGCMV – IRES – EGFP 的质粒图谱

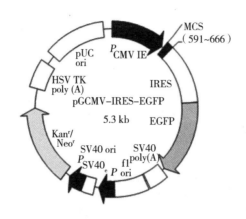

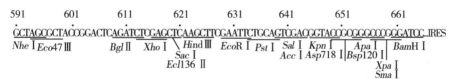

参考文献

[1]李庆章,高学军,赵锋,等. 乳腺发育与泌乳生物学[M]. 北京:科学出版社,2009.

[2]李晓晖. 牛乳中酪蛋白的结构特性及其应用[J]. 食品工业,2002(1):29 - 31.

[3]任雁,赵丹,张烨,等. 乳清蛋白的功能成分及其主要应用[J]. 中国食品添加剂,2007(1):142 - 146.

[4]秦宜德,邹思湘. 乳蛋白的主要组分及其研究现状[J]. 生物学杂志,2003,20(2):5 - 7.

[5]魏奎,谷庆芳. 乳糖在人体内的营养特性[J]. 食品研究与开发,2012,33(3):187 - 189.

[6]袁文博. 反刍动物乳蛋白合成与营养调控[J]. 山东畜牧兽医,2008,29(8):15 - 16.

[7]胡菡,王加启,李发弟,等. 奶牛乳腺脂肪酸合成相关基因研究进展[J]. 生物技术通报,2009(10):34 - 39.

[8]邹思湘,李庆章,朱素娟,等. 动物生物化学[M]. 4 版. 北京:中国农业出版社,2006.

[9]CORRADETTI M N,GUAN K L. Upstream of the mammalian target of rapa-mycin:do all roads pass through mTOR? [J]. Oncogene,2006,25(48):6347 - 6360.

[10] YANG X, YANG C, FARBERMAN A, et al. The mammalian target of

rapamycin – signaling pathway in regulating metabolism and growth[J]. J. Anim. Sci. ,2008,86(14 Suppl):E36 – E50.

[11]WULLSCHLEGER S,LOEWITH R,HALL M N. TOR signaling in growth and metabolism[J]. Cell,2006,124(3):471 –484.

[12]HAY N,SONENBERG N. Upstream and downstream of mTOR[J]. Genes Dev. ,2004,18(16):1926 – 1945.

[13]GOMEZ – PINILLOS A, FERRARI A C. mTOR signaling pathway and mTOR inhibitors in cancer therapy[J]. Hematology – Oncology Clinics of North America,2012,26(3):483 – 505.

[14]EFEYAN A,ZONCU R,SABATINI D M. Amino acids and mTORC1:from lysosomes to disease[J]. Trends Mol. Med. ,2012,18(9):524 –533.

[15]POLAK P,HALL M N. mTOR and the control of whole body metabolism [J]. Curr. Opin. Cell Biol. ,2009,21(2):209 –218.

[16]MA X M,BLENIS J. Molecular mechanisms of mTOR – mediated translational control[J]. Nat. Rev. Mol. Cell Biol. ,2009,10(5):307 –318.

[17]JANSSON T,AYE I L M H,GOBERDHAN D C I. The emerging role of mTORC1 signaling in placental nutrient – sensing[J]. Placenta,2012,33 (5):E23 – E29.

[18]WYSOCKI P J. mTOR in renal cell cancer:modulator of tumor biology and therapeutic target[J]. Expert Rev. Mol. Diagn. ,2009,9(3):231 –241.

[19]BURGOS S A,CANT J P. IGF − 1 stimulates protein synthesis by enhanced signaling through mTORC1 in bovine mammary epithelial cells[J]. Domest. Anim. Endocrinol. ,2010,38(4):211 − 221.

[20]PROUD C G. Regulation of mammalian translation factors by nutrients[J]. Eur. J. Biochem. ,2002,269(22):5338 − 5349.

[21]SARBASSOV D D,ALI S M,KIM D,et al. Rictor,a Novel binding partner of mTOR,defines a rapamycin − insensitive and raptor − independent pathway that regulates the cytoskeleton [J]. Curr. Biol. , 2004, 14 (14): 1296 − 1302.

[22]GAO X S, PAN D J. TSC1 and TSC2 tumor suppressors antagonize insulin signaling in cell growth[J]. Genes Dev. ,2001,15(11):1383 − 1392.

[23]BURGOS S A,DAI M,CANT J P. Nutrient availability and lactogenic hormones regulate mammary protein synthesis through the mammalian target of rapamycin signaling pathway[J]. J. Dairy Sci. ,2010,93(1):153 − 161.

[24]BIONAZ M,LOOR J J. Gene networks driving bovine mammary protein synthesis during the lactation cycle [J]. Bioinformatics Biol. Insights, 2011,5(5):83 − 98.

[25]PETERSON T R,SENGUPTA S S,HARRIS T E,et al. mTOR Complex 1 regulates Lipin 1 localization to control the SREBP pathway [J]. Cell, 2011,146(3):408 − 420.

[26]ZHANG X,ZHAO F,SI Y,et al. GSK3beta regulates milk synthesis in and proliferation of dairy cow mammary epithelial cells via the mTOR/S6K1 signaling pathway[J]. Molecules,2014,19(7):9435-9452.

[27]BROWN M S,GOLDSTEIN J L. The SREBP pathway:regulation of cholesterol metabolism by proteolysis of a membrane - bound transcription factor [J]. Cell,1997,89(3):331-340.

[28]EDWARDS P A,TABOR D,KAST H R,et al. Regulation of gene expression by SREBP and Scap[J]. Biochim. Biophys. Acta,2000,1529(1/2/3):103-113.

[29]EBERLE D,HEGARTY B,BOSSARD P,et al. SREBP transcription factors:master regulators of lipid homeostasis[J]. Biochimie,2004,86(11):839-848.

[30]HORTON J D,GOLDSTEIN J L,BROWN M S. SREBPs:activators of the complete program of cholesterol and fatty acid synthesis in the liver[J]. J. Clin. Invest. ,2002,109(9):1125-1131.

[31]MA L,CORL B A. Transcriptional regulation of lipid synthesis in bovine mammary epithelial cells by sterol regulatory element binding protein - 1 [J]. J. Dairy Sci. ,2012,95(7):3743-3755.

[32]SATO R. Sterol metabolism and SREBP activation[J]. Arch. Biochem. Biophys. ,2010,501(2):177-181.

[33]ZHAO F Q,KEATING A. Functional properties and genomics of glucose transporters[J]. Curr. Genomics,2007,8(2):113 – 128.

[34]ZHAO F Q,KEATING A F. Expression and regulation of glucose transporters in the bovine mammary gland[J]. J. Dairy Sci. ,2007,90(Suppl): E76 – E86.

[35]BULLER C L,LOBERG R D,FAN M,et al. A GSK – 3/TSC2/mTOR pathway regulates glucose uptake and GLUT1 glucose transporter expression [J]. Am. J. Physiol. Cell Physiol. , 2008,295(3):C836 – C843.

[36]TURKINGTON R W,HILL R L. Lactose synthetase,progesterone inhibition of the induction of alpha – lactalbumin[J]. Science,1969,163(3874): 1458 – 1460.

[37]TAGAWA M,SHIRANE K,YU L,et al. Enhanced expression of the β4 – galactosyltransferase 2 gene impairs mammalian tumor growth[J]. Cancer Gene Ther. ,2014,21(6):219 –227.

[38]CHARRON M,SHAPER J H,SHAPER N L. The increased level of β1,4 – galactosyltransferase required for lactose biosynthesis is achieved in part by translational control[J]. PNAS,1998,95(25):14805 – 14810.

[39]SHAHBAZKIA H R,AMINLARI M,CRAVADOR A. Association of polymorphism of the beta(1,4) – galactosyltransferase – I gene with milk production traits in Holsteins[J]. Mol. Biol. Rep. ,2012,39(6):6715 –

6721.

[40]AMADO M,ALMEIDA R,SCHWIENTEK T,et al. Identification and cha-
racterization of large galactosyltransferase gene families:galactosyltransferas-
es for all functions[J]. Biochim. Biophys. Acta,1999,1473(1):35 - 53.

[41]古新宇. 甘氨酰 tRNA 合成酶对奶牛乳腺上皮细胞乳合成及细胞增殖
的影响[D]. 哈尔滨:东北农业大学,2016.

[42]VIVANCO I,SAWYERS C L. The phosphatidylinositol 3 - Kinase AKT
pathway in human cancer[J]. Nat. Rev. Cancer,2002,2(7):489 - 501.

[43]CARVALHO S,SCHMITT F. Potential role of PI3K inhibitors in the treat-
ment of breast cancer[J]. Future Oncol. ,2010,6(8):1251 - 1263.

[44]LIU P, CHENG H, ROBERTS T M, et al. Targeting the phosphoinositide
3 - kinase pathway in cancer[J]. Nat. Rev. Drug Discov. , 2009, 8(8):
627 - 644.

[45]JIA S,LIU Z,ZHANG S,et al. Kinase - dependent and - independent
functions of the p110β phosphoinositide - 3 - kinase in cell growth,meta-
bolic regulation and oncogenic transformation [J]. Nature, 2008, 454
(7205):776 - 780.

[46]DIBBLE C C,CANTLEY L C. Regulation of mTORC1 by PI3K signaling
[J]. Trends Cell Biol. ,2015,25(9):545 - 555.

[47]JABBOUR E,OTTMANN O G,DEININGER M,et al. Targeting the pho-

sphoinositide 3 – kinase pathway in hematologic malignancies[J]. Haematologica,2014,99(1):7 –18.

[48]廖明娟,陈红风. PI3K/Akt/mTOR 信号通路抑制剂在乳腺癌中的研究进展[J]. 中华肿瘤防治杂志,2012,19(3):230 –234.

[49]VANHAESEBROECK B,ALESSI D R. The PI3K – PDK1 connection:more than just a road to PKB[J]. Biochem. J. ,2000,346(Pt3):561 –576.

[50]TAKUWA N,FUKUI Y,TAKUWA Y. Cyclin D1 expression mediated by phosphatidylinositol 3 – kinase through mTOR – p70(S6K) – independent signaling in growth factor – stimulated NIH 3T3 fibroblasts[J]. Mol. Cell. Biol. ,1999,19(2):1346 – 1358.

[51]LAWLOR M A,ALESSI D R. PKB/Akt:a key mediator of cell proliferation,survival and insulin responses[J]. J. Cell Sci. ,2001,114(Pt6):2903 – 3002.

[52]WEICHHART T,COSTANTINO G,POGLITSCH M,et al. The TSC – mTOR signaling pathway regulates the innate inflammatory response[J]. Immunity,2008,29(4):565 – 577.

[53]VANDERMOERE F, EI YAZIDI – BELKOURA I,ADRIAENSSENS E,et al. The antiapoptotic effect of fibroblast growth factor – 2 is mediated through nuclear factor – kappaB activation induced via interaction between Akt and IkappaB kinase – beta in breast cancer cells[J]. Oncogene,2005,

24(35):5482 - 5491.

[54]JEONG S J,PISE - MASISON C A,RADONOVICH M F,et al. Activated
AKT regulates NF - kappa B activation,p53 inhibition and cell survival in
HTLV - 1 - transformed cells[J]. Oncogene,2005,24(44):6719 - 6728.

[55]HENSHALL D C,ARAKI T,SCHINDLER C K,et al. Activation of Bcl -
2 - associated death protein and counter - response of Akt within cell popu-
lations during seizure - induced neuronal death[J]. J. Neurosci. ,2002,22
(19):8458 - 8465.

[56]SONG G,OUYANG G,BAO S. The activation of Akt/PKB signaling path-
way and cell survival[J]. J. Cell. Mol. Med. ,2005,9(1):59 - 71.

[57]BURGERING B M,MEDEMA R H. Decisions on life and death:FOXO
Forkhead transcription factors are in command when PKB/Akt is off duty
[J]. J. Leukoc. Biol. ,2003,73(6):689 - 701.

[58]WEE K B,AGUDA B D. Akt versus p53 in a network of oncogenes and
tumor suppressor genes regulating cell survival and death[J]. Biophys.
J. ,2006,91(3):857 - 865.

[59]MAYO L D,DONNER D B. The PTEN,Mdm2,p53 tumor suppressor - on-
coprotein network[J]. Trends Biochem. Sci. ,2002,27(9):462 - 467.

[60]LAROCCA J,PIETRUSKA J,HIXON M. Akt1 is essential for postnatal
mammary gland development,function,and the expression of Btn1a1[J].

PLoS One,2011,6(9):e24432.

[61]张霞. GSK3β 通过 mTOR/S6K1 途径对奶牛乳腺上皮细胞泌乳及增殖的调控[D]. 哈尔滨:东北农业大学,2014.

[62]DEVAL C,TALVAS J,CHAVEROUX C,et al. Amino – acid limitation induces the GCN2 signaling pathway in myoblasts but not in myotubes[J]. Biochimie,2008,90(11/12):1716 – 1721.

[63]YUAN H X,XIONG Y,GUAN K L. Nutrient sensing,metabolism,and cell growth control[J]. Mol. Cell,2013,49(3):379 – 387.

[64]PROUD C G. eIF2 and the control of cell physiology[J]. Semin. Cell Dev. Biol. ,2005,16(1):3 – 12.

[65]DEVER T E, HINNEBUSCH A G. GCN2 whets the appetite for amino acids[J]. Mol. Cell, 2005, 18(2): 141 – 142.

[66]LIU H,ZHAO K,LIU J. Effects of glucose availability on expression of the key genes involved in synthesis of milk fat,lactose and glucose metabolism in bovine mammary epithelial cells[J]. PLoS One,2013,8(6):e66092.

[67]LEMOSQUET S,RIDEAU N,RULQUIN H,et al. Effects of a duodenal glucose infusion on the relationship between plasma concentrations of glucose and insulin in dairy cows[J]. J. Dairy Sci. ,1997,80(11):2854 – 2865.

[68]WANG Z,HOU X,QU B,et al. Pten regulates development and lactation in the mammary glands of dairy cows[J]. PLoS One,2014,9(7):e102118.

[69]DOEPEL L,LAPIERRE H. Changes in production and mammary metabolism of dairy cows in response to essential and nonessential amino acid infusions[J]. J. Dairy Sci.,2010,93(7):3264 – 3274.

[70]WEEKES T L,LUIMES P H,CANT J P. Responses to amino acid imbalances and deficiencies in lactating dairy cows[J]. J. Dairy Sci.,2006,89(6):2177 – 2187.

[71]王俊锋. 反刍动物乳蛋白合成机理及营养调控研究[D]. 泰安:山东农业大学,2005.

[72]WU G. Functional Amino Acids in Growth,Reproduction and Health[J]. Adv. Nutr.,2010,1(1):31 – 37.

[73]LU L M,LI Q Z,HUANG J G,et al. Proteomic and functional analyses reveal MAPK1 regulates milk protein synthesis[J]. Molecules,2012,18(1):263 – 275.

[74]WANG L,LIN Y,BIAN Y,et al. Leucyl – tRNA synthetase regulates lactation and cell proliferation via mTOR signaling in dairy cow mammary epithelial cells[J]. Int. J. Mol. Sci.,2014,15(4):5952 – 5969.

[75]赵艳丽,陈璐,史彬林,等. 氨基酸影响奶牛乳腺内乳脂合成的机理[J]. 动物营养学报,2016,28(5):1317 – 1323.

[76]FREEMAN M E,KANYICSKA B,LERANT A,et al. Prolaction:structure, function and regulation of secretion[J]. Physiol. Rev.,2000,80(4):

1523 – 1631.

[77]王月影,王艳玲,李和平,等. 动物乳腺发育的调控[J]. 畜牧与兽医,
2002,34(7):36 – 38.

[78]吴小霞,周则卫. 雌激素的研究进展[J]. 医药导报,2008,27(10):
1234 – 1237.

[79]赵晓民,徐小明. 雌激素受体及其作用机制[J]. 西北农林科技大学学
报(自然科学版),2004,32(12):154 – 158.

[80]SANTOS S J,HASLAM S Z,CONRAD S E. Estrogen and progesterone are
critical regulators of Stat5a expression in the mouse mammary gland[J].
Endocrinology,2008,149(1):329 – 338.

[81]FEUERMANN Y,MABJEESH S J,SHAMAY A. Mammary fat can adjust
prolactin effect on mammary epithelial cells via leptin and estrogen[J].
Int. J. Endocrinol. ,2009:427260.

[82]SEN R,BALTIMORE D. Inducibility of κ immunoglobulin enhancer – bind-
ing protein NF – κB by a posttranslational mechanism[J]. Cell,1986,47
(6):921 –928.

[83]VERMA I M,STEVENSON J K,SCHWARZ E M,et al. Rel/NF – kappa
B/I kappa B family:intimate tales of association and dissociation[J].
Genes Dev. ,1995,9(22):2723 – 2735.

[84]SIEBENLIST U,FRANZOSO G,BROWN K. Structure,Regulation and

function of NF – kappaB［J］. Annu. Rev. Cell Biol. , 1994, 10:
405 – 455.

［85］OECKINGHAUS A,GHOSH S. The NF – κB family of transcription factors
and its regulation［J］. Cold Spring Harb. Perspect. Biol. , 2009, 1
(4):a000034.

［86］GHOSH S,MAY J M,KOPP E B. NF – κB and Rel proteins:evolutionarily
conserved mediators of immune responses［J］. Annu. Rev. Immunol. ,
2003,16(1):225 – 260.

［87］ZHANG Q,LENARDO M J,BALTIMORE D. 30 Years of NF – κB:A blo-
ssoming of relevance to human pathobiology［J］. Cell,2017,168(1/2):
37 –57.

［88］NAPETSCHNIG J,WU H. Molecular basis of NF – κB signaling［J］. An-
nu. Rev. Biophys. ,2013,42:443 – 468.

［89］PERKINS N D. Integrating cell – signalling pathways with NF – kappaB and
IKK function［J］. Nat. Rev. Mol. Cell Biol. ,2007,8(1):49 – 62.

［90］ISRAEL A. The IKK complex,a central regulator of NF – κB activation
［J］. Cold Spring Harb. Perspect. Biol. ,2010,2(3):a000158.

［91］HINZ M,SCHEIDEREIT C. The IκB kinase complex in NF – κB regulation
and beyond［J］. EMBO Rep. ,2014,15(1):46 – 61.

［92］HAYDEN M S,GHOSH S. Signaling to NF – kappaB［J］. Genes Dev. ,

2004,18(18):2195 - 2224.

[93] KARIN M, BEN - NERIAH Y. Phosphorylation meets ubiquitination: the control of NF - κB activity[J]. Annu. Rev. Immunol. ,2003,18(1): 621 -663.

[94] POMERANTZ J L, BALTIMORE D. Two pathways to NF - κB[J]. Mol. Cell,2002,10(4):693 -695.

[95] SOLT L A, MAY M J. The IκB kinase complex: master regulator of NF - κB signaling[J]. Immunol. Res. ,2008,42(1/2/3):3 -18.

[96] PERKINS N D, GILMORE T D. Good cop, bad cop: the different faces of NF - kappa B[J]. Cell Death Differ. ,2006,13(5):759 -772.

[97] HUBER M A, AZOITEI N, BAUMANN B, et al. NF - κB is essential for epithelial - mesenchymal transition and metastasis in a model of breast cancer progression[J]. J. Clin. Invest. ,2004,114(4):569 -581.

[98] BRONK C C, YODER S, HOPEWELL E L, et al. NF - κB is crucial in proximal T - cell signaling for calcium influx and NFAT activation[J]. Eur. J. Immunol. ,2014,44(12):3741 -3746.

[99] JACQUE E, SCHWEIGHOFFER E, VISEKRUNA A, et al. IKK - induced NF - κB1 p105 proteolysis is critical for B cell antibody responses to T cell - dependent antigen [J]. J. Exp. Med. , 2014, 211 (10): 2085 -2101.

[100]LI Q,VERMA I M. NF – kappa B regulation in the immune system[J].

Nat. Rev. Immunol. ,2002,2(10):725 –734.

[101]GERONDAKIS S,FULFORD T S,MESSINA N L,et al. NFκB control of T

cell development[J]. Nat. Immunol. ,2014,15(1):15 –25.

[102]TORNATORE L,THOTAKURA A K,BENNETT J,et al. The nuclear fac-

tor kappa B signaling pathway:integrating metabolism with inflammation

[J]. Trends Cell Biol. ,2012,22(11):557 –566.

[103]LIU B,SUN L,LIU Q,et al. A cytoplasmic NF – κB Interacting long non-

coding RNA blocks IκB phosphorylation and suppresses breast cancer me-

tastasis[J]. Cancer Cell,2015,27(3):370 –381.

[104]CHEN K,COONROD E M,KUMANOVICS A,et al. Germline mutations in

NFKB2 implicate the noncanonical NF – κB pathway in the pathogenesis of

common variable immunodeficiency[J]. Am. J. Hum. Genet. ,2013,93

(5):812 –824.

[105]BOZTUG H,HIRSCHMUGL T,HOLTER W,et al. NF – κB1 haploinsuffi-

ciency causing immunodeficiency and EBV – driven lymphoproliferation

[J]. J. Clin. Immunol. ,2016,36(6):533 –540.

[106]OZES O N,MAYO L D,GUSTIN J A,et al. NF – κB activation by tumour

necrosis factor requires the Akt serine – threonine kinase[J]. Nature,

1999,401(6748):82 –85.

[107]BUSKENS C J,VAN REES B P,SIVULA A,et al. Prognostic significance of elevated cyclooxygenase 2 expression in patients with adenocarcinoma of the esophagus[J]. Gastroenterology,2002,122(7):1800 – 1807.

[108]YAMINI B. Nfkb1 /p50 and mammalian aging[J]. Oncotarget,2015,6 (6):3471 – 3472.

[109]KRAVTSOVA – IVANTSIV Y,SHOMER I,COHEN – KAPLAN V,et al. KPC1 – mediated ubiquitination and proteasomal processing of NF – κB1 p105 to p50 restricts tumor growth[J]. Cell,2015,161(2):333 – 347.

[110]AO J,WEI C,SI Y,et al. Tudor – SN regulates milk synthesis and proliferation of bovine mammary epithelial cells[J]. Int. J. Mol. Sci. ,2015, 16(12):29936 – 29947.

[111]LEE S W,CHO B H,PARK S G,et al. Aminoacyl – tRNA synthetase complexes:beyond translation[J]. J. Cell Sci. ,2004,117(Pt17):3725 – 3734.

[112]CVETESIC N,PALENCIA A,HALASZ I,et al. The physiological target for LeuRS translational quality control is norvaline[J]. EMBO J. ,2014,33 (15):1639 – 1653.

[113]SILVIAN L F,WANG J,STEITZ T A. Insights into editing from an ile – tRNA synthetase structure with tRNAile and mupirocin [J]. Science, 1999,285(5430):1074 – 1077.

[114]ERIANI G,DELARUE M,POCH O,et al. Partition of tRNA synthetases into two classes based on mutually exclusive sets of sequence motifs[J]. Nature,1990,347(6289):203 – 206.

[115]LI R,MACNAMARA L,LEUCHTER J D,et al. MD simulations of tRNA and aminoacyl – tRNA synthetases:dynamics, folding, binding, and allostery[J]. Int. J. Mol Sci. ,2015,16(7):15872 – 15902.

[116] IBBA M, SOLL D. Aminoacyl – tRNA synthesis [J]. Annu. Rev. Biochem. , 2000,69(1):617 – 650.

[117]PERONA J J,GRUIC – SOVULJ I. Synthetic and editing mechanisms of aminoacyl – tRNA synthetases [J]. Topics Curr. Chem. , 2013, 344: 1 – 41.

[118]LIU Y,LIAO J,ZHU B,et al. Crystal structures of the editing domain of Escherichia coli leucyl – tRNA synthetase and its complexes with Met and Ile reveal a lock – and – key mechanism for amino acid discrimination[J]. Biochem. J. ,2006,394(Pt2):399 – 407.

[119]LING J,PETERSON K M,SIMONOVIC I,et al. The mechanism of pre – transfer editing in yeast mitochondrial threonyl – tRNA synthetase[J]. J. Biol. Chem. ,2012,287(34):28518 – 28525.

[120]FANG P,GUO M. Evolutionary limitation and opportunities for developing tRNA synthetase inhibitors with 5 – binding – mode classification [J].

Life,2015,5(4):1703 – 1725.

[121]BOYARSHIN K S,PRISS A E,RAYEVSKIY A V,et al. A new mecha-
nism of post – transfer editing by aminoacyl – tRNA synthetases:catalysis
of hydrolytic reaction by bacterial – type prolyl – tRNA synthetase[J]. J.
Biomol. Struct. Dyn. ,2016,35(3): 669 – 682.

[122]WALLEN R C,ANTONELLIS A. To charge or not to charge:mechanistic
insights into neuropathy – associated tRNA synthetase mutations [J].
Curr. Opin. Genet. Dev. ,2013,23(3):302 – 309.

[123]YANG X L. Structural disorder in expanding the functionome of aminoac
yl – tRNA synthetases[J]. Chem. Biol. ,2013,20(9):1093 – 1099.

[124]GUO M,SCHIMMEL P. Essential nontranslational functions of tRNA syn-
thetases[J]. Nat. Chem. Biol. ,2013,9(3):145 – 153.

[125] SAJISH M, SCHIMMEL P. A human tRNA synthetase is a potent
PARP1 – activating effector target for resveratrol[J]. Nature,2015,519
(7543):370 – 373.

[126]YAO P,FOX P L. Aminoacyl – tRNA synthetases in medicine and disease
[J]. EMBO Mol. Med. ,2013,5(3):332 – 343.

[127]YANNAY – COHEN N,CARMI – LEVY I,KAY G,et al. LysRS serves as
a key signaling molecule in the immune response by regulating gene ex-
pression[J]. Mol. Cell,2009,34(5):603 – 611.

[128]HAN J M,JEONG S J,PARK M C,et al. Leucyl – tRNA synthetase is an intracellular Leucine sensor for the mTORC1 – signaling pathway[J]. Cell,2012,149(2):410 – 424.

[129]XU X,SHI Y,ZHANG H M,et al. Unique domain appended to vertebrate tRNA synthetase is essential for vascular development [J]. Nat. Commun. , 2012,3:681.

[130] FUKUI H, HANAOKA R, KAWAHARA A. Noncanonical activity of Seryl – tRNA synthetase is involved in vascular development[J]. Circ. Res. ,2009,104(11):1253 – 1259.

[131]HERZOG W,MULLER K,HUISKEN J,et al. Genetic evidence for a non-canonical function of Seryl – tRNA synthetase in vascular development [J]. Circ. Res. ,2009,104(11):1260 – 1266.

[132]ARIF A,JIA J,MOODT R A,et al. Phosphorylation of glutamyl – prolyl tRNA synthetase by cyclin – dependent kinase 5 dictates transcript – selec-tive translational control[J]. Proc. Nati. Acad. Sci. U. S. A. ,2011, 108(4):1415 – 1420.

[133]WAKASUGI K,SCHIMMEL P. Two distinct cytokines released from a hu-man aminoacyl – tRNA Synthetase [J]. Science, 1999, 284 (5411): 147 – 151.

[134]WAKASUGI K,SLIKE B M,HOOD J,et al. Induction of angiogenesis by a

fragment of human Tyrosyl – tRNA synthetase[J]. J. Biol. Chem. ,2002, 277(23):20124 – 20126.

[135]WAKASUGI K,SLIKE B M,HOOD J,et al. A human aminoacyl – tRNA synthetase as a regulator of angiogenesis[J]. Proc. Nati. Acad. Sci. U. S. A. ,2002,99(1):173 – 177.

[136]QIN X,HAO Z,TIAN Q,et al. Cocrystal structures of glycyl – tRNA synthetase in complex with tRNA suggest multiple conformational states in glycylation[J]. J. Biol. Chem. ,2014,289(29):20359 – 20369.

[137]MUN J,KIM Y,YU J,et al. A proteomic approach based on multiple parallel separation for the unambiguous identification of an antibody cognate antigen[J]. Electrophoresis,2010,31(20):3428 – 3436.

[138]HE W,ZHANG H M,CHONG Y E,et al. Dispersed disease – causing neomorphic mutations on a single protein promote the same localized conformational opening[J]. Proc. Nati. Acad. Sci. U. S. A. ,2011,108 (30):12307 – 12312.

[139]KIM S,YOU S,HWANG D. Aminoacyl – tRNA synthetases and tumorigenesis:more than housekeeping[J]. Nat. Rev. Cancer,2011,11(10): 708 – 718.

[140]BLUMEN S C,DRORY V E,SADEH M,et al. Mutational analysis of glycyl – tRNA synthetase (GARS) gene in Hirayama disease[J]. Amyotro-

ph. Lateral Scler. ,2010,11(1 –2):237 –239.

[141]PARK M C,KANG T,JIN D,et al. Secreted human glycyl – tRNA syn-
thetase implicated in defense against ERK – activated tumorigenesis[J].
Proc. Nati. Acad. Sci. U. S. A. ,2012,109(11):E640 – E647.

[142] ANTONELLIS A,ELLSWORTH R E,SAMBUUGHIN N,et al. Glycyl
tRNA synthetase mutations in Charcot – Marie – Tooth disease type 2D and
distal spinal muscular atrophy type Ⅴ[J]. Am. J. Hum. Genet. ,2003,
72(5):1293 – 1299.

[143]HUANG J G,GAO X J,LI Q Z,et al. Proteomic analysis of the nuclear
phosphorylated proteins in dairy cow mammary epithelial cells treated with
estrogen[J]. In Vitro Cell. Dev. Biol. Anim. ,2012,48(7):449 –457.

[144]骆超超.甘氨酰 tRNA 合成酶调控奶牛乳腺上皮细胞乳蛋白合成机理
[D]. 哈尔滨:东北农业大学,2014.

[145]骆超超,王春梅,李庆章,等. 甘氨酰 tRNA 合成酶对奶牛乳腺乳蛋白
合成的调控机理[J]. 科技创新导报,2016,13(8):168 – 169.

[146]古新宇,骆超超,敖金霞,等. 甘氨酰 tRNA 合成酶对奶牛乳腺上皮细
胞增殖的影响[J]. 中国畜牧兽医,2016,43(6):1557 –1565.

[147]BUEHRING G C. Culture of mammary epithelial cells from bovine milk
[J]. J. Dairy Sci. ,1990,73(4):956 –963.

[148]ZHAO K,LIU H Y,ZHOU M M,et al. Establishment and characterization

of a lactating bovine mammary epithelial cell model for the study of milk synthesis[J]. Cell. Biol. Int. ,2010,34(7):717 – 721.

[149] HU H, WANG J, BU D, et al. In vitro culture and characterization of a mammary epithelial cell line from Chinese Holstein dairy cow[J]. PLoS One, 2009,4(11):e7636.

[150] BRUHAT A, CHERASSE Y, CHAVEROUX C, et al. Amino acids as regulators of gene expression in mammals:molecular mechanisms[J]. Biofactors, 2009,35(3):249 – 257.

[151] 王佳丽,高学军,李庆章,等. 蛋氨酸对奶牛乳腺上皮细胞亚细胞蛋白质组的影响研究[J]. 中国畜牧兽医,2012,39(4):109 – 113.

[152] GREENWOOD R H, TITGEMEYER E C. Limiting amino acids for growing Holstein steers limit – fed soybean hull – based diets[J]. J. Anim. Sci. ,2000,78(7):1997 – 2004.

[153] RULQUIN H, GRAULET B, DELABY L, et al. Effect of different forms of methionine on lactational performance of dairy cows[J]. J. Dairy Sci. , 2006,89(11):4387 – 4394.

[154] HUANG Y L, ZHAO F, LUO C C, et al. SOCS3 – mediated blockade reveals major contribution of JAK2/STAT5 signaling pathway to lactation and proliferation of dairy cow mammary epithelial cells in vitro[J]. Molecules, 2013,18(10):12987 – 13002.

[155]YU C,LUO C,QU B,et al. Molecular network including eIF1AX,RPS7, and 14 - 3 - 3gamma regulates protein translation and cell proliferation in bovine mammary epithelial cells[J]. Arch. Biochem. Biophys. ,2014, 564:142 - 155.

[156]QI H , MENG C , JIN X , et al. Methionine promotes milk protein and fat synthesis and cell proliferation via the SNAT2 - PI3K signaling pathway in bovine mammary epithelial cells[J]. J. Agric. Food Chem. , 2018, 66 (42):11027 - 11033.

[157]HUO N , YU M , LI X , et al. PURB is a positive regulator of amino acid - induced milk synthesis in bovine mammary epithelial cells[J]. J. Cell. Physiol. , 2019, 234(5):6992 - 7003.

[158]赵艳丽,陈璐,史彬林,等. 蛋氨酸对奶牛乳腺上皮细胞内乳脂合成相关基因和蛋白表达的影响[J].动物营养学报,2017,29(3):961 - 969.

[159]LUO C , QI H , HUANG X , et al. GlyRS is a new mediator of amino acid - induced milk synthesis in bovine mammary epithelial cells[J]. J. Cell. Physiol. , 2019, 234(3):2973 - 2983.

[160]YU M , LUO C , HUANG X , et al. Amino acids stimulate glycyl - tRNA synthetase nuclear localization for mammalian target of rapamycin expression in bovine mammary epithelial cells[J]. J. Cell. Physiol. , 2019, 234(5):7608 - 7621.

[161] BRISKEN C, O' MALLEY B. Hormone action in the mammary gland[J].
Cold Spring Harbor Perspect. Biol. ,2010,2(12):a003178.

[162] STINGL J. Estrogen and progesterone in normal mammary gland development and in cancer[J]. Horm. Cancer,2011,2(2):85 – 90.

[163] KHUDHAIR N, LUO C C, KHALID A, et al. 14 – 3 – 3 gamma affects mTOR pathway and regulates lactogenesis in dairy cow mammary epithelial cells[J]. Vitro Cell. Dev. Biol. Anim. ,2015,51(7):697 – 704.

[164] 黄建国,南雪梅. 雌激素处理的奶牛乳腺上皮细胞核磷酸化蛋白质组学分析[J]. 中国畜牧兽医,2013,40(2):142 – 150.

[165] YU M, WANG Y, WANG Z, et al. Taurine Promotes Milk Synthesis via the GPR87 – PI3K – SETD1A Signaling in BMECs[J]. J. Agric. Food Chem. , 2019, 67(7): 1927 – 1936.

[166] ZHANG M, CHEN D, ZHEN Z, et al. Annexin A2 positively regulates milk synthesis and proliferation of bovine mammary epithelial cells through the mTOR signaling pathway[J]. J. Cell. Physiol. , 2018, 233(3): 2464 – 2475.

[167] ZHANG S , QI H , WEN X P , et al. The phosphorylation of Tudor – SN mediated by JNK is involved in the regulation of milk protein synthesis induced by prolactin in BMECs[J]. J. Cell. Physiol. , 2019, 234(5): 6077 – 6090.

[168] YUAN X, ZHANG M, AO J, et al. NUCKS1 is a novel regulator of milk synthesis in and proliferation of mammary epithelial cells via the mTOR signaling pathway[J]. J. Cell. Physiol. , 2019.

[169] LI N,ZHAO F,WEI C,et al. Function of SREBP1 in the milk fat synthesis of dairy cow mammary epithelial cells[J]. Int. J. Mol. Sci. ,2014,15 (9):16998 – 17013.

[170] BAKAN I,LAPLANTE M. Connecting mTORC1 signaling to SREBP – 1 activation[J]. Curr. Opin. Lipidol. ,2012,23(3):226 – 234.

[171] PORSTMANN T,SANTOS C R,GRIFFITHS B,et al. SREBP activity is regulated by mTORC1 and contributes to Akt – dependent cell growth[J]. Cell Metab. ,2008,8(3):224 – 236.

[172] MAUVOISIN D,ROCQUE G,ARFA O,et al. Role of the PI3 – kinase/ mTOR pathway in the regulation of the stearoyl CoA desaturase (SCD1) gene expression by insulin in liver[J]. J. Cell Commun. Signal. ,2007,1 (2):113 – 125.

[173] LI P, YU M, ZHOU C, et al. FABP5 is a critical regulator of methionine – and estrogen – induced SREBP – 1c gene expression in bovine mammary epithelial cells[J]. J. Cell. Physiol. , 2018, 234(1): 537 – 549.

[174] BALDWIN A S Jr, AZIZKHAN J C,JENSEN D E,et al. Induction of NF – kappa B DNA – binding activity during the G0 – to – G1 transition in mouse fibroblasts[J]. Mol. Cell. Biol. ,1991,11(10):4943 – 4951.

[175] HINZ M, KRAPPMANN D, EICHTEN A, et al. NF – κB Function in

Growth Control: Regulation of Cyclin D1 Expression and G0/G1 – to – S – Phase Transition[J]. Mol. Cell. Biol. ,1999,19(4):2690 – 2698.

[176]BRANTLEY D M,CHEN C L,MURAOKA R S,et al. Nuclear factor – kappaB (NF – kappaB) regulates proliferation and branching in mouse mammary epithelium[J]. Mol. Biol. Cell. ,2001,12(5):1445 – 1455.

[177]WESTERHEIDE S D,MAYO M W,ANEST V,et al. The putative onco-protein Bcl – 3 induces cyclin D1 to stimulate G(1) transition[J]. Mol. Cell. Biol. ,2002,21(24):8428 – 8436.

[178]COQUERET O. Linking cyclins to transcriptional control[J]. Gene, 2002,299(1/2):35 – 55.

[179]CHIAO P J,MIYAMOTO S,VERMA I M. Autoregulation of I kappa B al-pha activity[J]. Proc. Nati. Acad. Sci. U. S. A. , 1994, 91 (1): 28 – 32.

[180]BROWN K,PARK S,KANNO T,et al. Mutual regulation of the transcrip-tional activator NF – kappa B and its inhibitor,I kappa B – alpha[J]. Proc. Nati. Acad. Sci. U. S. A. ,1993,90(6):2532 – 2536.

[181]JUNG C H,RO S H,CAO J,et al. mTOR regulation of autophagy[J]. FEBS Lett. ,2010,584(7):1287 – 1295.

[182]KIM E,GORAKSHA – HICKS P,LI L,et al. Regulation of TORC1 by rag GTPases in nutrient response[J]. Nat. Cell Biol. ,2008,10(8):935 – 945.

[183]SANCAK Y,PETERSON T R,SHAUL Y D,et al. The rag GTPases bind

raptor and mediate amino acid signaling to mTORC1[J]. Science,2008, 320(5882):1496 – 1501.

[184]TATO I,BARTRONS R,VENTURA F,et al. Amino acids activate mammalian target of rapamycin complex 2 (mTORC2) via PI3K/Akt signaling[J]. J. Biol. Chem. ,2011,286(8):6128 – 6142.

[185]AGARWAL A,DAS K,LERNER N,et al. The AKT/Ik B kinase pathway promotes angiogenic/metastatic gene expression in colorectal cancer by activating nuclear factor – κB and β – catenin[J]. Oncogene,2005,24(6): 1021 – 1031.

[186]LIN H Y,CHANG K P,HUNG C,et al. Effects of the mTOR inhibitor rapamycin on monocyte – secreted chemokines[J]. BMC Immunol. ,2014, 15:37.

[187]陆黎敏,李庆章,黄建国,等. 双向电泳分析蛋氨酸对奶牛乳腺上皮细胞核磷酸化蛋白质的影响[J]. 中国畜牧兽医,2013,40(6):53 – 57.

[188]臧艳丽. 甘氨酰 tRNA 合成酶调节奶牛乳腺上皮细胞 NFκB1 信号通路研究[D]. 哈尔滨:东北农业大学,2016.

[189]陈东莹. GlyRS 及其下游蛋白 NFκB1 和 METTL3 对牛乳腺上皮细胞自噬的调控作用研究[D]. 哈尔滨:东北农业大学,2018.